高等职业教育“十四五”规划教材

现代旱粮作物绿色生产技术

高广金　曾　波　主编

中国农业大学出版社
·北京·

内 容 简 介

本书介绍了全球谷物类、豆类和薯类三大粮食作物生产、消费与贸易情况，阐述了小麦、玉米、大豆、马铃薯四大旱粮作物的起源与传播，科技创新与技术推广，产业发展与绿色生产技术。本书语言简明，通俗易懂，可供全国“一村多名大学生”学员、高等职业院校农学专业学生，新型农业经营主体和种粮大户等参考使用。

图书在版编目(CIP)数据

现代旱粮作物绿色生产技术 / 高广金，曾波主编. --北京：中国农业大学出版社，2022.9

ISBN 978-7-5655-2865-1

Ⅰ.①现… Ⅱ.①高… ②曾… Ⅲ.①旱地—粮食作物—栽培技术—无污染技术 Ⅳ.①S51

中国版本图书馆 CIP 数据核字(2022)第 167096 号

书　名　现代旱粮作物绿色生产技术

作　者　高广金　曾　波　主编

策划编辑	张　玉	责任编辑	张　玉　贺晓丽
封面设计	郑　川		
出版发行	中国农业大学出版社		
社　址	北京市海淀区圆明园西路 2 号	邮政编码	100193
电　话	发行部 010-62733489，1190	读者服务部	010-62732336
	编辑部 010-62732617，2618	出　版　部	010-62733440
网　址	http://www.caupress.cn	E-mail	cbsszs @ cau.edu.cn
经　销	新华书店		
印　刷	涿州市星河印刷有限公司		
版　次	2022 年 9 月第 1 版　　2022 年 9 月第 1 次印刷		
规　格	170 mm×240 mm　16 开本　13.25 印张　210 千字		
定　价	39.00 元		

图书如有质量问题本社发行部负责调换

编写人员

主　　编　高广金　全国劳模高广金农业科技创新工作室

　　　　　曾　波　全国农业技术推广服务中心

副 主 编　王海萍　湖北生物科技职业学院

　　　　　杨艳斌　湖北省现代农业展示中心

　　　　　于斌武　湖北省恩施土家族苗族自治州农业农村局

　　　　　韩庆忠　湖北省秭归县农业科技服务中心

参　　编　（按姓氏汉语拼音排序）

　　　　　蔡　明　湖北省竹山县农业农村局

　　　　　常海滨　湖北省黄冈市农业科学院

　　　　　侯　玲　湖北省荆门（中国农谷）农业科学研究院

　　　　　胡　杏　湖北省农业广播电视学校

　　　　　李新彦　湖北省襄阳市农业科学院

　　　　　刘　畅　湖北省农业广播电视学校

　　　　　梅金安　湖北省武穴市农业农村局

　　　　　彭绪伟　湖北康农种业股份有限公司

　　　　　饶孝沛　湖北省利川市农业农村局

　　　　　谭克华　湖北省宜昌市夷陵区农业技术服务中心

　　　　　王　珍　湖北省农业科技人才办公室

　　　　　王家弘　湖北省宣恩县农业农村局

　　　　　魏建武　湖北省巴东县经济作物技术推广站

　　　　　文　聃　湖北省恩施土家族苗族自治州种子管理局

　　　　　许贵明　湖北省宜昌市农业科学研究院

　　　　　许燕子　湖北省襄阳市襄州区科学技术协会

　　　　　杨邦贵　湖北省长阳县农业农村局

　　　　　尹　鑫　湖北省恩施土家族苗族自治州植物保护站

　　　　　张　鹏　湖北省竹山县农业农村局

　　　　　钟育海　湖北省恩施土家族苗族自治州种子管理局

前 言

民以食为天，食以粮为本。粮食是人类赖以生存的物质基础，是人们生活的必需品。我国十分重视粮食生产，自 2012 年以来，连续 10 年粮食总产量超过 6 亿 t，人均占有量约 470 kg。

当今世界，依然存在着耕地资源的有限性与人口增长的无限性、人均耕地不断减少与粮食需求刚性增长、工业化和城镇化发展、温室气体排放增加、自然灾害频发等诸多问题，给农业生产尤其是粮食生产，带来了严峻的挑战。全球有 8 亿多人尚未解决温饱问题。

随着人民收入水平和生活水平的提高，对粮食的需求数量与质量不断提高。2021 年，我国进口粮食 16453.9 万 t，占我国粮食总产量(68285 万 t)的 24.1%，其中：稻谷及稻米 496 万 t，玉米 2835 万 t，小麦 977 万 t，大麦 1248 万 t，高粱 942 万 t，大豆 9651.8 万 t，薯类等 304.1 万 t；另外，进口食糖 566.6 万 t，油菜籽 185 万 t，植物油 1039.2 万 t，肉类 793 万 t，奶粉 154 万 t。按我国耕地产出效率折算，相当于 8000 万 hm^2 耕地的生产量。

我国作为人口大国，耕地和淡水资源环境约束加剧，粮食安全日益突出。保障国家粮食安全是一个永恒的课题，任何时候都不能放松，要坚持“以我为主，立足国内，确保产能，适度进口，科技支撑”的国家粮食安全战略。“中国人的饭碗任何时候都要牢牢端在自己手上，我们的饭碗应该主要装中国粮。”

为了指导抓好粮食生产，我们组织农业科研、教学和推广方面的科技人员编写了此书，从全球视野分析了谷物类、豆类和薯类三大粮食作物生产、消费与贸易情况；阐述了小麦、玉米、大豆、马铃薯四大旱粮作物的起源与传播，科技创新与技术推广，产业发展与绿色生产技术。本书图文并茂，通俗易懂，可供全国“一村多名大学生”学员、高等职业院校农学专业学生、新型农业经营主体和种粮大户等参考使用。

本书在编写过程中，得到了湖北省农业农村厅相关单位以及农业科研和教学单位的大力支持，在此一并表示感谢！由于编写时间仓促和作者水平有限，书中难免有不完善、不确切之处，敬请各位专家、学者以及读者提出宝贵意见，以利改正。

编　者

2022 年 2 月

目　录

第一章

全球粮食产销概况

粮食是指供食用的谷物、豆类和薯类。狭义的粮食单指禾本科作物的种子(以及例外情形的非禾本科的荞麦种子)。广义的粮食还包括薯类和豆类。薯类主要指马铃薯、甘薯和木薯;食用豆类主要有大豆、蚕豆、豌豆、绿豆、红豆、赤小豆、黑豆、芸豆等。联合国粮食及农业组织(FAO)对粮食的定义包括麦类、稻谷和粗粮三大类谷物。麦类包括小麦、大麦、黑麦、燕麦等;粗粮包括玉米、高粱、糜子、谷子等。

中国在先秦即有五谷之说,指的是稻、黍、稷、麦和菽五种作物,其种子称作稻米、黍米、粟米、麦粒、菽豆。中国自1994年起,把粮食定义为小麦、稻米、玉米、大豆和其他五大类。其他包括:①薯类,即马铃薯和甘薯,不包括芋头和木薯。芋头作为蔬菜,木薯作为其他作物。②禾谷类,即大麦、黑麦、燕麦、黑小麦、高粱、谷子、糜子以及属于蓼科的荞麦。③杂豆,即蚕豆、豌豆、绿豆、黑豆、赤小豆等,不包括作为蔬菜的豆类。统计产量时,豆类按去荚后的干豆计算,薯类按5 kg鲜薯折合1 kg粮食计算,其他粮食一律按脱粒后的原粮计算。

第一节　谷类作物生产情况

谷物是人类的主要粮食,随着人口增长的需要,科学技术的进步,全球谷物种植面积不断扩大,生产水平逐步提高,总产量随之增加,从而满足人民生活水平日益提高的需要。

1960年世界总人口30.32亿人,谷物总产量9.62亿t,人均占有量317 kg;

60 年来世界谷物总产量大幅提高，但总人口也在不断增加，人均占有量提高有限(表 1-1)。

表 1-1 1960—2020 年世界人口与谷物生产情况

年份	1960	1970	1980	1990	2000	2010	2019	2020
总人口/亿人	30.32	36.97	44.37	53.21	61.43	69.57	77.13	75.85
谷物总产量/亿 t	9.62	11.98	15.61	19.50	20.61	24.61	29.79	29.96
人均占有量/kg	317	324	352	367	326	354	386	395

资料来源：联合国 FAO 数据库

一、小麦生产情况

小麦是全球分布最广、种植面积最大的粮食作物，目前小麦的生产区仍集中在亚洲，以中国和印度为主要产区，其次是欧洲及美洲。

大部分小麦被食用，也有少部分用于工业加工和饲料。小麦营养价值较高，为人类提供约 21%的食物热量和 20%的蛋白质，是全球 35%～40%人口的主食。

小麦在全球粮食生产、贸易甚至粮食安全中具有重要地位，小麦产业化的演变对世界粮食格局有着十分重要的意义。

(一)全球小麦生产情况

1970—2020 年，全球小麦收获面积基本维持在较平稳的状态。2000 年收获面积为 21493 万 hm^2，总产量 58500 万 t，单产 2722 kg/hm^2；2015 年后收获面积略有下降趋势，2020 年全球小麦收获面积为 21901 万 hm^2，总产量 76093 万 t，单产 3474 kg/hm^2，其中发达国家收获面积 11423 万 hm^2，略高于发展中国家(表 1-2)。

表 1-2 2010—2020 年世界小麦生产情况

年份	2010	2015	2016	2017	2018	2019	2020
收获面积/万 hm^2	21560	22216	22011	21843	21398	21590	21901
总产量/万 t	64080	73698	74946	77348	73339	76577	76093
单产/(kg/hm^2)	2972	3317	3405	3541	3427	3547	3474

资料来源：联合国 FAO 数据库

(二)中国小麦生产情况

中国是世界主要小麦生产国,播种面积仅次于印度,总产量居世界第一位,单产居亚洲第一位。小麦播种面积最多的是1991年,达到3095万 hm^2,1995年以后调整种植结构,小麦播种面积逐年调减,到2020年仅有2338万 hm^2。小麦单产上升很快,1980年为1914 kg/hm^2,1990年提高到3194 kg/hm^2,2010年为4750 kg/hm^2,2020年达到5742 kg/hm^2(表1-3)。

表1-3 1980—2020年中国小麦生产情况

年份	1980	1990	1995	2000	2010	2015	2020
播种面积/万 hm^2	2884	3075	2886	2665	2444	2457	2338
总产量/万 t	5521	9823	10221	9964	11609	13256	13425
单产/(kg/hm^2)	1914	3194	3541	3738	4750	5395	5742

资料来源:中国农村统计年鉴—2021

二、玉米生产情况

玉米是世界上种植最广泛的作物之一,全球170多个国家和地区均有种植。玉米也是产量最高的粮食作物,是最主要的饲料作物和工业加工原料。

(一)全球玉米生产情况

全球玉米生产发展比较快,1930年全球玉米总产量仅有9779万 t,1940年上升到12080万 t,1950年为13100万 t,1960年突破2亿 t(20464万 t),1971年超过3亿 t,1979年超过4亿 t,2010年85279万 t,2020年达到116235万 t(表1-4)。玉米生产集中度较高,北美洲、亚洲、南美洲的玉米播种面积均较大,美国、中国、巴西、阿根廷是全球玉米总产量最高的4个国家,合计占全球玉米产量的70%。

表1-4 2010—2020年全球玉米生产情况

年份	2010	2015	2016	2017	2018	2019	2020
播种面积/万 hm^2	16533	19131	19652	19820	19538	19636	20198
总产量/万 t	85279	105272	112745	113872	112426	114136	116235

资料来源:联合国FAO数据库

(二)中国玉米生产情况

玉米是我国种植面积最大、分布范围最广、产量最高的粮食作物、饲料作物、工业作物和能源作物。玉米播种面积在1970年只有1583万 hm^2,1990年已超过2000万 hm^2,2007年发展到3000万 hm^2,2013年突破4000万 hm^2,总产量也随着面积的扩大、单产水平的提高而增加。1949年玉米总产量只有1242万t,1979年超过6000万t,1995年超过1亿t,2011年突破2亿t,2020年达到26067万t(表1-5)。

表1-5 1970—2020年中国玉米生产情况

年份	1970	1980	1990	2000	2010	2015	2020
播种面积/万 hm^2	1583	2009	2140	2306	3498	4497	4126
总产量/万t	3303	6260	9862	10600	19075	26499	26067

资料来源:中国农村统计年鉴—2021

三、高粱生产情况

高粱是重要的杂粮作物之一,是世界第五大粮食作物。高粱具有抗旱、耐涝、耐盐碱、耐贫瘠、耐高温等抗逆性,在干旱、半干旱地区农业生产中占有重要位置,主要分布于热带、亚热带和温带地区。高粱最主要的两大用途为食用(含酿酒)和饲用。

(一)全球高粱生产情况

近年来,世界高粱的种植面积波动幅度较大,2005年全球高粱播种面积为4644万 hm^2,总产量5956万t;2020年播种面积为4025万 hm^2,总产量5871万t(表1-6)。全世界共有100多个国家和地区种植高粱,美国、尼日利亚、埃塞俄比亚、印度、墨西哥地区为全球高粱主要生产地,2020年,这些国家高粱总产量分别为947.4万t、636.2万t、505.8万t、477万t和470.4万t。

表1-6 2010—2020年全球高粱生产情况

年份	2010	2015	2016	2017	2018	2019	2020
播种面积/万 hm^2	4217	4169	4431	4094	4194	3921	4025
总产量/万t	6018	6612	6349	5575	6013	5736	5871

资料来源:联合国FAO数据库

(二)中国高粱生产情况

高粱是我国重要粮食作物之一,历史上一直是我国北方人民的主要粮食。高粱既可以食用,也可以饲用,还是白酒、啤酒、淀粉、乙醇等的加工原料。目前,我国75%以上的高粱用于酿造业,酿酒专用高粱成为主体。高粱播种面积呈现调减趋势,1990年全国高粱播种面积155万 hm^2,2016年仅为47万 hm^2,2019年恢复性发展到64万 hm^2,总产量由1990年的568万t下降到2020年的297万t(表1-7)。

表1-7　1990—2020年全国高粱生产情况

年份	1990	1995	2000	2016	2018	2019	2020
播种面积/万 hm^2	155	122	89	47	62	64	64
总产量/万t	568	476	258	224	291	314	297

资料来源:中国农村统计年鉴—2021

四、谷子生产情况

谷子,在我国古代被称为粟(也称稷),去壳后称作小米,是我国北方种植的主要粮食作物之一。

谷子起源于我国黄河流域,是狗尾草属的一个栽培种,由狗尾草经人工驯化和进化而来。谷子在我国已有7300多年的栽培历史。谷子一直是我国中原地区的主栽作物,后传到日本、欧洲、阿拉伯国家等世界各地。目前谷子在世界上分布很广,主要产区是亚洲东南部、中亚、非洲中部等地,中国、印度、尼日利亚、尼泊尔、俄罗斯等国种植较多,澳大利亚、美国、加拿大、法国、朝鲜、日本、匈牙利等国有少量种植。

中国谷子播种面积占世界的80%,总产量约占世界的90%;印度是第二大谷子生产国,占世界总产量的10%左右。我国谷子主要分布在北方干旱、半干旱地区,其中2/3分布在干旱最严重的华北地区,目前有20个省(自治区、直辖市)种植谷子,种植面积较大的有内蒙古、山西、河北、陕西、辽宁、吉林和河南等。2020年全国谷子播种面积91万 hm^2,总产量281万t(表1-8)。

表 1-8　1990—2020 年中国谷子生产情况

年份	1990	1995	2000	2016	2018	2020
播种面积/万 hm^2	228	152	125	86	78	91
总产量/万 t	458	302	213	233	234	281

资料来源:中国农村统计年鉴—2021

五、大麦生产情况

大麦是世界上最早被驯化的作物之一,具有生育期短、适应性广、抗逆性强等特点,在世界范围内广泛种植,主要用于饲料、啤酒加工原料和食用。一般认为大麦最初栽培是在中东地区的以色列和约旦,公元前 6000 年开始有六棱大麦出现,中国是六棱大麦的发源地,新石器时代中期古羌族已在黄河上游开始栽培大麦,然后传播到其他地区。

(一)全球大麦生产情况

大麦在世界谷类作物中播种面积仅次于小麦、水稻、玉米,位居第四。根据联合国 FAO 统计,2019/2020 年度,全球大麦产量创下 1994/1995 年度以来的最高。2013—2018 年全球大麦产量不断下降,2019 年开始增长。2020 年全球大麦产量大幅增长,达到 15703 万 t,较 2010 年增加 27.2%(表 1-9)。从 2019 年全球产量分布情况来看,欧盟和俄罗斯产量最高,分别占全球大麦产量的 40.7%和 13.1%。巴西、阿根廷、乌克兰、澳大利亚和加拿大是重要的大麦出口国。

表 1-9　2010—2020 年全球大麦生产情况

年份	2010	2015	2016	2017	2018	2019	2020
播种面积/万 hm^2	4758	4983	4837	4786	4782	5102	5160
总产量/万 t	12346	14787	14638	14848	13983	15846	15703

资料来源:联合国 FAO 数据库

(二)中国大麦生产情况

2018 年以前,我国大麦播种面积呈下降趋势,主要因素包括:①国内小麦单位面积产量大幅度提高,种植小麦比大麦生产效益高,农民愿意扩大小麦种植面积;②进口大麦价格比国产大麦价格低。因此,大麦播种面积逐年减少,从2009年的62.3万hm^2下降到2018年的26.3万hm^2,总产量由2009年的221万t,减少到2018年的95.7万t。

从2019年开始,由于大麦市场需求旺盛,播种面积出现了大幅增加(表1-10)。

表1-10　2009—2020年中国大麦生产情况

年份	2009	2010	2012	2014	2016	2017	2018	2019	2020
播种面积/万hm^2	62.3	55.3	49.9	38.1	30.7	33.0	26.3	51.1	50.9
总产量/万t	221.0	195.2	168.5	146.1	119.2	108.6	95.7	201.1	203.6

资料来源:中国农村统计年鉴—2021

第二节　薯类作物生产情况

薯类作物又称根茎类作物,产品器官是块根和块茎,生长在土壤中,是宜粮、宜菜、宜饲和作工业原料的粮食作物。常见的薯类作物有马铃薯(土豆)、甘薯(红薯)、木薯、薯蓣(山药)、豆薯(凉薯)、葛薯(粉葛)、大薯(参薯、脚板薯)、芋艿(芋头)、荸荠、莲藕、菱角等。

一、薯类作物生产情况

薯类作物生产统计产量,一般统计马铃薯、甘薯和木薯三大类。

(一)全球薯类作物生产情况

近年来,全球薯类作物生产比较稳定,2010年播种面积为5266.3万hm^2,总产量73347万t;2020年播种面积6096.9万hm^2,总产量82595万t(表1-11)。

表1-11　2010—2020年全球薯类作物生产情况

年份	2010	2015	2016	2017	2018	2019	2020
播种面积/万hm^2	5266.3	6162.2	6192.5	6177.8	6298.8	6433.4	6096.9
总产量/万t	73347	84667	84612	83873	84621	86104	82595

资料来源:联合国FAO数据库

(二)中国薯类作物生产情况

我国是世界上薯类作物生产量较高的国家,但从2000年起,薯类作物播种面积一直呈下降趋势,2000年播种面积为1054万 hm^2,总产量为3685万 t,2020年播种面积下降到721万 hm^2,总产量下降到2987万 t(表1-12)。

表1-12 2000—2020年中国薯类作物生产情况

年份	2000	2005	2010	2015	2018	2019	2020
播种面积/万 hm^2	1054	950	802	731	718	714	721
总产量/万 t	3685	3469	2843	2729	2865	2883	2987

资料来源:中国农村统计年鉴—2021

二、马铃薯生产情况

马铃薯的起源中心有2个:①南美洲哥伦比亚、秘鲁、玻利维亚及乌拉圭等地;②中美洲及墨西哥中部。生活在拉丁美洲的古印第安人最早食用马铃薯的历史可以上溯至公元前10000至公元前8000年,而开始栽培马铃薯出现在公元前5000至公元前2000年。当今,马铃薯已经成为世界上种植范围分布最广的农作物之一,是仅次于小麦、水稻、玉米的第四大粮食作物。

(一)全球马铃薯生产情况

2009—2020年,全球马铃薯播种面积先升后降,但总体趋于稳定,总产量受播种面积及单产量的影响呈波动状态。2020年全球马铃薯播种面积为1649万 hm^2,较2010年减少168万 hm^2;总产量35907万 t,较2010年增加3041万 t(表1-13)。

表1-13 2010—2020年全球马铃薯生产情况

年份	2010	2015	2016	2017	2018	2019	2020
播种面积/万 hm^2	1817	1806	1739	1744	1719	1648	1649
总产量/万 t	32866	36606	35399	37011	36567	35481	35907

资料来源:联合国 FAO 数据库

根据FAO的数据,2020年,全球马铃薯产量前10位的国家依次为中国、印度、乌克兰、俄罗斯、美国、德国、孟加拉国、法国、波兰及荷兰(表1-14)。

表 1-14 2020 年世界马铃薯主产国生产情况

国家	中国	印度	乌克兰	俄罗斯	美国	德国	孟加拉	法国	波兰	荷兰
播种面积/万 hm^2	421	216	133	118	37	27	46	21	23	16
总产量/万 t	7824	5130	2084	1961	1879	1172	961	869	785	702

资料来源:联合国 FAO 数据库

(二)中国马铃薯生产情况

马铃薯传入我国的时间在明朝万历年间。近年来,马铃薯播种面积不断扩大,总产量快速增长,1990 年播种面积 286.5 万 hm^2,总产量 484.4 万 t,2020 年播种面积 465.6 万 hm^2,总产量 1798.3 万 t,两者均居世界第一位(表 1-15)。

表 1-15 1990—2020 年中国马铃薯生产情况

年份	1990	1995	2000	2016	2017	2018	2019	2020
播种面积/万 hm^2	286.5	343.4	472.3	480.2	486.0	475.8	467.3	465.6
总产量/万 t	484.4	914.4	1325.5	1698.6	1769.6	1798.4	1777.9	1798.3

资料来源:中国农村统计年鉴—2021

马铃薯种植区域,主要分布在西南、西北和华北地区。2020 年播种面积较大的有贵州、四川、甘肃、云南、重庆、陕西、内蒙古、湖北、山西、河北等。其中贵州省播种面积最大,为 82.7 万 hm^2,总产量最多的是四川省,为 288.9 万 t(表 1-16)。

表 1-16 2020 年中国马铃薯主要产地生产情况

地区	贵州	四川	甘肃	云南	重庆	陕西	内蒙古	湖北	山西	河北
播种面积/万 hm^2	82.7	68.4	57.5	48.4	32.7	30.9	27.7	24.3	16.1	15.7
总产量/万 t	269.8	288.9	222.8	171.9	118.3	83.9	124.2	76.4	53.8	103.1

资料来源:中国农村统计年鉴—2021

三、甘薯生产情况

甘薯通常又被称作红薯、红苕、白薯、番薯等。甘薯起源于美洲的秘鲁、厄瓜多尔、哥伦比亚、墨西哥一带,引进我国已有 400 多年的历史。甘薯的产量高、营养价值高,用途广泛,繁育和栽植简便,是重要的粮食、饲料作物以及食品加工和化工的原料作物,在热带和亚热带地区的 100 多个国家普遍种植。

(一)全球甘薯生产情况

近年来,全球甘薯种植面积呈下降趋势,具体情况如表 1-17 所示。

表 1-17 2010—2020 年全球甘薯生产情况

年份	2010	2015	2016	2017	2018	2019	2020
播种面积/万 hm^2	793	777	763	768	747	739	740
总产量/万 t	9389	9158	9063	9252	9148	9149	8949

资料来源:联合国 FAO 数据库

(二)中国甘薯生产情况

甘薯生长能力比较强,是我国低投入高产出、能够适应不同的气候条件、抗旱耐瘠的主要粮食作物之一,从南到北广泛种植,在 20 多个省、自治区、直辖市有种植,在我国播种面积和总产量仅次于水稻、小麦和玉米,位居第四位。我国甘薯产量一直位居世界第一。2014—2020 年我国甘薯生产情况见表 1-18。

表 1-18 2014—2020 年中国甘薯生产情况

年份	2014	2015	2016	2017	2018	2019	2020
播种面积/万 hm^2	560	544	516	517	533	520	513
总产量/万 t	2644	2529	2449	2324	2379	2374	2324

资料来源:中国农村统计年鉴—2021

四、木薯生产情况

木薯是原产南美洲的木本灌木,多年生植物,是最耐旱的作物之一,其块根的主要成分是可食用淀粉,是热带地区的第三大粮食作物、全球第六大粮食作物,被称为“淀粉之王”。木薯具有粗生易长、容易栽培、高产和四季均可收获等优良特性。从木薯中可以提取木薯淀粉,用于食品、饲料和工业原料,能制成酒精、果糖、葡萄糖等。

(一)全球木薯生产情况

木薯广泛种植于非洲、美洲和亚洲等 100 多个国家或地区。2010—2020 年全球木薯种植情况见表 1-19。

表 1-19　2010—2020 年全球木薯生产情况

年份	2010	2015	2016	2017	2018	2019	2020
播种面积/万 hm^2	2157	2597	2504	2457	2459	2436	2842
总产量/万 t	25149	29301	28850	27934	27781	27464	30266

资料来源：联合国 FAO 数据库、智研咨询整理

（二）中国木薯生产情况

中国于 19 世纪 20 年代引进木薯种植，主要分布于广西、广东、海南、云南、福建和江西等地，其中广西种植面积占全国的 60%。随着木薯产业的发展，木薯用途逐渐多样化，常用于饲料、淀粉和燃料乙醇等加工原料。我国木薯播种面积从 2015 年开始呈缓慢上升趋势，到 2019 年播种面积发展到 29.9 万 hm^2，单位面积产量为 16687 kg/hm^2，总产量达到 499 万 t（表 1-20）。

表 1-20　2014—2019 年中国木薯生产情况

年份	2014	2015	2016	2017	2018	2019
播种面积/万 hm^2	29.2	29.0	29.3	29.5	29.7	29.9
总产量/万 t	469	479	482	487	493	499
单产/(kg/hm^2)	16081	16497	16485	16525	16563	16687

资料来源：中国农村统计年鉴—2021

第三节　豆类作物生产情况

豆类作物泛指能产生豆荚的豆科植物，种类繁多，营养丰富，栽培遍布世界各地。常见的豆类有大豆、蚕豆、豌豆、绿豆、赤豆、豇豆、赤小豆、黑豆、菜豆、刀豆、木豆、四棱豆、鹰嘴豆、兵豆、白玉豆、芸豆、扁豆等。近年来，豆类由于较高的营养价值和良好的口感越来越受到人们的欢迎。

豆类中的营养物质，主要有蛋白质、脂肪、维生素、矿物质和膳食纤维等。根据豆类的营养素种类和数量，将它们分为两大类：一类是以大豆为代表的高蛋白质、高脂肪豆类；另一类则是以绿豆、蚕豆、豌豆、赤豆等为代表的碳水化合

物含量高的豆类，不但可做豆制品，而且可以作为调味品的原料。近年来，中国豆类生产呈现恢复性发展，播种面积和总产量由2013年的889.3万hm^2和1542.4万t，分别增加到2020年的1159万hm^2和2288万t(表1-21)。

表1-21　2013—2020年中国豆类生产情况

年份	2013	2014	2015	2016	2017	2018	2019	2020
播种面积/万hm^2	889	882	843	929	1005	1019	1108	1159
总产量/万t	1542	1565	1513	1651	1842	1920	2132	2288

资料来源：中国农村统计年鉴—2021

一、大豆生产情况

大豆起源于4000～5000年前的中国北方地区。在秦汉以前称为“菽”，西汉以后称为大豆。

大豆籽粒含有丰富的蛋白质、脂肪、无机盐、卵磷脂和维生素E等多种有效生理活性成分。大豆是含植物蛋白最丰富的天然食物来源，蛋白质含量高达40%左右，比牛肉、猪瘦肉、鸡蛋还要高。人体所必需的氨基酸种类较齐全，富含谷类蛋白质缺乏的赖氨酸，是与谷类蛋白质互补的天然理想食品，有“绿色乳牛”“田中之肉”的美称。大豆脂肪含量可达20%，其中不饱和脂肪酸占85%，亚油酸高达50%，比动物脂肪更富含油酸和亚油酸。这类不饱和脂肪酸属于优质脂肪，可降低胆固醇，对预防血管硬化、高血压大有益处。大豆无机盐中的钙、磷、铁极易被人体消化吸收，是贫血病人的有益食品。大豆还富含磷脂胆碱等对神经系统有保健作用的物质及维生素E等抗衰老物质。

(一)全球大豆生产情况

大豆作为重要的粮、油、饲兼用作物，已遍布世界各地，主要集中在美国、巴西、阿根廷、中国等国家。

近年来，全球大豆种植面积和总产量不断增加，2010年全球大豆种植面积为10286万hm^2、总产量26509万t，2020年分别增加到12695万hm^2、35346万t(表1-22)。

表 1-22 2010—2020 年全球大豆生产情况

年份	2010	2015	2016	2017	2018	2019	2020
播种面积/万 hm^2	10286	12090	12204	12586	12405	12153	12695
总产量/万 t	26509	32331	33594	35951	34473	33633	35346

资料来源:联合国 FAO 数据库

从全球大豆主要生产国家看,2020 年大豆产量最高的国家是巴西,达到 13300 万 t,其次是美国 11350 万 t,第 3 位的是阿根廷为 5000 万 t 左右(表 1-23)。

表 1-23 2013—2020 年全球大豆主产国家产量 万 t

年份	2013	2014	2015	2016	2017	2018	2019	2020
美国	9139	10688	10686	11693	12007	12052	9667	11350
巴西	8670	9720	9650	11490	12340	11970	12600	13300
阿根廷	5340	6140	5680	5500	3780	5530	4880	5000

资料来源:组织对非洲的发展战略 OSDA

(二)中国大豆生产情况

随着居民消费结构升级,我国大豆需求快速增加。农业农村部从 2019 年起实施大豆振兴计划,提出扩大全国大豆种植面积,提高单产水平,改善产品品质,延伸产业链条,努力增加大豆的有效供给,提升我国大豆自给水平。2015 年以来,我国大豆播种面积呈上升趋势,2019 年、2020 年大豆播种面积明显扩大。2020 年中国大豆播种面积为 988 万 hm^2,总产量 1960 万 t(表 1-24)。

表 1-24 2013—2020 年中国大豆生产情况

年份	2013	2014	2015	2016	2017	2018	2019	2020
播种面积/万 hm^2	705	710	683	760	825	841	933	988
总产量/万 t	1241	1269	1237	1360	1528	1597	1809	1960

资料来源:中国农村统计年鉴—2021

二、绿豆生产情况

绿豆原产地为印度、缅甸,在中国已有 2000 多年的栽培史,现在东亚各国普遍种植。绿豆主产国有中国、印度、泰国、阿富汗、菲律宾等，非洲、欧洲及美国也有少量种植。

全球绿豆播种面积及产量总体呈逐年增长态势，2010 年全球绿豆播种面积为 149 万 hm^2，产量为 1978 万 t，2020 年增加到 158 万 hm^2 和 2328 万 t（表 1-25）。

表 1-25　2010—2020 年全球绿豆生产情况

年份	2010	2015	2016	2017	2018	2019	2020
播种面积/万 hm^2	149	156	153	155	156	155	158
总产量/万 t	1978	2389	2238	2271	2333	2295	2328

资料来源：联合国 FAO 数据库

中国在黄河、淮河流域以及华北平原各省都有绿豆栽培，其中以四川、河南、山东、安徽、湖北、陕西、山西、江苏、辽宁居多。

中国绿豆生产，2014—2019 年期间，播种面积及产量总体呈波动下降态势，2019 年绿豆播种面积为 43.5 万 hm^2，同比下降 10%；绿豆总产量为 57.3 万 t，同比下降 16%。其中西部地区产量为 28.3 万 t，中部地区为 16.4 万 t，分别占全国总产量的 49%、29%。2019 年内蒙古产量为 19 万 t，位居全国第一；吉林产量为 5.6 万 t；山西产量为 4.9 万 t；安徽产量为 4.1 万 t；河南产量为 3.8 万 t。

三、赤小豆生产情况

中国是世界上赤小豆生产大国，2019 年中国赤小豆播种面积为 15.9 万 hm^2，产量 24 万 t，同 2018 年相比，播种面积减少了 2.3 万 hm^2，产量减少了 3.8 万 t（表 1-26）。

表 1-26　2012—2019 年中国赤小豆生产情况

年份	2012	2013	2014	2015	2016	2017	2018	2019
播种面积/万 hm^2	11.5	12.6	12.8	12.3	18.1	22.1	18.2	15.9
总产量/万 t	19.3	18.5	19.0	17.6	27.5	36.0	27.8	24.0

资料来源：国家统计局

从各地种植情况看，赤小豆播种面积最大的是黑龙江省，2019 年播种面积为 6.48 万 hm^2，产量 9.5 万 t；其次是内蒙古，播种面积为 1.77 万 hm^2，产量 2.5 万 t(表 1-27)。

表 1-27　2019 年中国各地区赤小豆生产情况

地区	黑龙江	内蒙古	江苏	陕西	山西	安徽	吉林	云南
播种面积/万 hm^2	6.48	1.77	0.83	1.35	1.09	0.65	0.71	0.45
总产量/万 t	9.5	2.5	2.0	1.7	1.4	1.0	0.9	0.9

资料来源：中国农村统计年鉴—2021

复习思考题

1. 粮食包括哪些种类？
2. 谷物指的是哪些粮食作物？
3. 2020 年全世界人口与谷物粮食产量、人均占有量分别是多少？

第二章

现代小麦绿色生产技术

小麦起源于亚洲西部，是世界上最早栽培并被广泛种植的粮食作物，现已遍布世界五大洲150多个国家，普遍用作主食口粮、流通商品粮及战略物资的储备粮。中国是小麦生产和消费大国，近年来的种植面积、总产量和进口数量，在世界小麦产销市场中居首位。

第一节　小麦产业发展概况

一、小麦的起源与传播

（一）小麦起源

小麦起源于亚洲西部，中东的新月沃土地区，这里是形成遗传因子的中心地，也是欧亚文明的交汇地。小麦是新石器时代人类对其野生祖先进行驯化的产物，栽培历史已有万年以上。西亚和西南亚一带至今还广泛分布有野生一粒小麦（图2-1）、野生二粒小麦（图2-2）及普通小麦粗山羊草。从小亚细亚到伊朗的中东地区，特别是伊朗西南部、伊拉克西北部和土耳其东南部，是栽培一粒小麦和提莫菲维小麦最早被驯化的区域；以色列西北部、叙利亚西南部与黎巴嫩东南部，是野生二粒小麦的分布中心与栽培二粒小麦的起源地，包括圆锥小麦和硬粒小麦。普通小麦的出现晚于一粒小麦和二粒小麦，约在8000年前起源于里海的西南部，现在全世界栽培的普通小麦中，90%以上源自阿富汗到高加索地区。中亚的广大地区，曾在史前原始社会居民点上发掘出许多残留的实物，包括野生和栽培的小麦籽粒、炭化麦粒、麦穗与麦粒印痕。

图 2-1 一粒小麦

1. 野生一粒小麦；2. 一粒小麦

图 2-2 二粒小麦

1. 圆锥小麦；2. 圆锥小麦分支类型；3. 硬粒小麦

（二）小麦传播

小麦是从西亚、近东一带传入欧洲和非洲，并向东传播至印度、阿富汗、中国。原产西亚和中亚的栽培小麦，在距今 4500～5000 年前传入我国新疆、内蒙古，南经印度传入我国云南、西藏，更多地沿着新疆、青海、甘肃、陕西、河南的路径，由黄河中游逐渐扩展到长江以南各地，并传入朝鲜、日本。公元 15—17 世纪，欧洲殖民者将小麦传播至南、北美洲；18 世纪，小麦传播到大洋洲。

二、世界小麦生产与贸易

（一）世界小麦生产情况

小麦是世界上分布最广的作物之一，种植最北界达北纬 67°，最南达南纬 45°。种植生产区域在北纬 20°～60°和南纬 20°～40°。在北半球欧、亚大陆和北美的栽培面积约占全球小麦总面积的 90%。近 20 年来，世界小麦总产量增长比较快，小麦收获面积由 2000 年的 21544 万 hm^2、总产量 58569 万 t，发展到 2019 年的 21590 万 hm^2、总产量 76577 万 t。主要的小麦生产国除中国外，有印度、美国、俄罗斯、法国、加拿大、德国、乌克兰、巴基斯坦、澳大利亚等。收获面积较大的是印度、俄罗斯，超过 2000 万 hm^2；总产量较多的有印度和俄罗斯，2019 年分别为 10360 万 t 和 7445 万 t。单产水平较高的是法国 7743 kg/hm^2、德国 7396 kg/hm^2，较低的是澳大利亚 1692 kg/hm^2（表 2-1）。

表 2-1　2000—2019 年世界小麦主产国生产情况

国家	收获面积/万 hm^2			总产量/万 t			单产/(kg/hm^2)		
	2000 年	2010 年	2019 年	2000 年	2010 年	2019 年	2000 年	2010 年	2019 年
印度	2749	2846	2932	7637	8080	10360	2779	2840	3533
俄罗斯	2135	2164	2756	3446	4151	7445	1614	1918	2702
美国	2147	1927	1504	6064	6006	5226	2824	3117	3475
法国	525	593	524	3735	3821	4060	7117	7040	7743
加拿大	1086	829	966	2654	2330	3235	2445	2809	3350
乌克兰	516	628	683	1020	1685	2837	1976	2682	4157
巴基斯坦	846	913	868	2108	2331	2435	2491	2553	2806
德国	297	330	312	2162	2378	2306	7283	7212	7396
澳大利亚	1214	1388	1040	2211	2183	1760	1821	1573	1692
阿根廷	648	333	605	1615	902	1946	2493	2711	3216
世界	21544	21560	21590	58569	64080	76577	2719	3007	3547

资料来源：联合国 FAO 数据库

(二)世界小麦供需数量

根据美国农业部统计资料，2010 年全世界小麦产量为 68431 万 t，消费量为 65050 万 t，贸易量为 13580 万 t，2020 年分别增加到 77590 万 t、78225 万 t 和 20180 万 t(表 2-2)。小麦贸易中，出口较多的国家和地区有俄罗斯、加拿大、澳大利亚、乌克兰和欧盟地区。

表 2-2　2010—2020 年世界小麦供需数量　　万 t

年份	2010	2012	2014	2016	2018	2020
生产量	68431	69722	71614	73523	76318	77590
消费量	65050	69731	70417	71107	74420	78225
贸易量	13580	15778	16581	17282	18123	20180

资料来源：美国农业部

(三)小麦的质量标准

小麦是否优质,有两种评价标准:一个是内部组分的理化指标;一个是应用效能的适应性指标。经大量测试及长期研究发现,小麦面粉内在品质不仅取决于蛋白质的数量和质量,还取决于面粉中的蛋白质、淀粉、脂类物质、半纤维素及活性物质的整体情况。目前,我国优质小麦品种已多达100余种,蛋白质(面筋)含量普遍大幅提高,有些品种的蛋白质量也有显著提升,蛋白质的测试指标能够接近或达到国外标准,但在应用指标上与国外小麦还存在着较大差距。借鉴国外的评价标准对小麦进行等级评定时,应用指标占75%,理化指标占25%。

三、中国小麦产销情况

(一)小麦生产情况

我国是小麦生产古国和大国。在1955年安徽亳县(现亳州市)钓鱼台发掘的新石器时代遗址中,发现有炭化小麦种子,证明我国小麦栽培距今至少有四五千年的历史。在公元前1238至公元前1180年,小麦已是河南省北部的主要栽培作物。春秋时期,黄河中下游已普遍栽培小麦。长江以南地区到三国时期才有麦作记载。明代小麦已遍及全国。

1. 小麦主要生产区域

我国小麦分布广泛,北至寒冷的黑龙江漠河地区,南至热带的海南省,西至天山脚下,东至沿海各省,都有小麦种植。小麦既有秋播又有春播,既可单作又可与其他作物间作套种,是种植结构的主体作物,在粮食生产中的地位举足轻重。小麦的主产区集中在黄淮海麦区,面积、总产量分别占全国小麦的60%和70%;其次是长江中下游麦区和西南麦区,面积、总产量占全国小麦的20%左右;东北、西北麦区和北部冬麦区占比较小(表2-3)。

2. 小麦占世界比重

1946—1948年,我国小麦总产量平均为2332.4万t,占当时世界小麦平均总产量13583.3万t的17%,此后的占比在10%~15%。进入20世纪80年代以后,我国小麦生产发展比较快,1990年小麦播种面积达到3075万hm^2,总产量9823万t,分别占世界的13.3%和16.6%;1997年播种面积3006万hm^2,总产量12329万t,分别占世界的13.2%和20.2%;2019年小麦播种面积2373

万 hm^2,总产量 13360 万 t,分别占世界的 11%和 17.5%。

表 2-3　2000—2020 年中国小麦主产地区生产情况

地区	播种面积/万 hm^2			总产量/万 t			单产/(kg/hm^2)		
	2000 年	2010 年	2020 年	2000 年	2010 年	2020 年	2000 年	2010 年	2020 年
河南	492	528	567	2236	3082	3753	4543	5838	6615
山东	375	356	393	1860	2059	2569	4962	5780	6529
安徽	213	237	283	707	1207	1672	3325	5101	5917
江苏	195	209	234	796	1008	1334	4074	4816	5703
河北	268	242	220	1208	1231	1433	4509	5085	6492
新疆	84	112	107	400	624	583	4763	5567	5445
湖北	85	100	103	234	343	401	2765	3430	3885
陕西	154	115	96	419	404	413	2723	3515	4286
甘肃	119	88	71	266	251	269	2232	2852	3794
四川	161	127	60	532	428	247	3315	3379	4134
山西	89	73	54	215	232	237	2409	3188	4413
全国	2665	2444	2338	9964	11609	13425	3738	4750	5742

资料来源:中国农业统计资料 2000、2010,中国农村统计年鉴—2021

(二)小麦进口数量

我国是小麦进口国,有几个阶段进口量比较多:1980—1983 年,年进口量为 1057 万～1380 万 t;1987—1992 年,年进口量为 1058 万～1488 万 t;2012—2019 年,年进口量为 301 万～554 万 t;2020 年进口量为 838 万 t。主要是进口美国的强筋小麦,满足面包加工需求;还进口一些弱筋小麦,满足饼干、糕点加工的需求。

第二节　小麦种植区划

中国小麦分布地域辽阔,由于各地自然条件、种植制度、品种类型和生产水平存在着不同程度的差异,因而形成了明显的种植区域。1996 年出版的《中国小麦学》将全国小麦种植区域划分为3个主区、10个亚区和29个副区。

一、小麦种植区域划分的依据

小麦种植区域划分的依据有3个：①地理地域（气候区域）；②品种特性（冬春性、籽粒特性等）；③栽培环境（平原、丘陵、雨量、灌溉条件等）。

影响小麦种植区域形成的因素，涉及气候、土壤、熟制、品种、播期与熟期、栽培特点以及病虫害情况等，而以气候、土壤条件与品种特性为主要因素，其他则为从属因素。在气候条件中，温度与雨量是主导因素，如冬、春麦区的分布决定于越冬期间的温度，熟制受积温和降水的制约，而品种冬春特性又与温度和光照的变化息息相关。

小麦种植区域划分，主要是对主区进行划分，进而对亚区进行划分。主区是以播期（春播、秋播）而定的，小麦播期是自然温光变化梯度和品种感温、感光特性的集中体现，综合反映不同麦区栽培生态特性的基本特征。秋播后经越冬阶段的为冬（秋播）麦区，而春播的为春播麦区。由于自然生态条件的交叉和重叠（如低纬度高海拔或高纬度低海拔等），春播麦区中也有部分地区可以秋播。亚区是指基本自然生态条件、小麦品种类型和主要栽培特点（如熟期等）大体一致，在小麦生育进程和生产管理上具有较大共性的种植区。副区是针对同一亚区内因部分环境因素（主要指地势、地形、雨量和灌溉条件等）有所变异而对小麦生育和生产产生一定影响的局部地区，在亚区内因地制宜划分副区，可以制定出更有针对性的增产措施。

二、按季节划分

我国小麦分布很广，南北跨越暖、中、寒三个温带和各类型的亚热带及热带（表2-4）。小麦在我国海拔低于10 m的地区到海拔4460 m的地区，都可正常生长。

全国一年中1—10月份均有小麦收获，生育期短的100 d左右，长的300 d左右。

全国冬小麦播种面积约占小麦播种总面积的84%，主要分布在长城以南，主产地有河南、山东、河北、江苏、安徽、四川、陕西、湖北和山西等。春小麦播种面积约占全国小麦播种总面积的16%，主要分布在长城以北，主产地有黑龙江、内蒙古、甘肃、新疆、宁夏、青海等(表2-5)。

表2-4　中国小麦种植区域的划分

<table>
<tr><th>主区</th><th>亚区</th><th>副区</th></tr>
<tr><td rowspan="3">春播麦区</td><td>东北春播麦区</td><td>1. 北部高寒区;2. 东部湿润区;3. 西部干旱区</td></tr>
<tr><td>北部春播麦区</td><td>1. 北部高原干旱区;2. 南部丘陵平原半干旱区</td></tr>
<tr><td>西北春播麦区</td><td>1. 银宁灌溉区;2. 陇西丘陵区;3. 河西走廊区;4. 荒漠干旱区</td></tr>
<tr><td rowspan="5">冬(秋播)麦区</td><td>北部冬(秋播)麦区</td><td>1. 燕太山麓平原区;2. 晋冀山地盆地区;3. 黄土高原区</td></tr>
<tr><td>黄淮冬(秋播)麦区</td><td>1. 黄淮平原区;2. 汾渭谷地区;3. 胶东丘陵区</td></tr>
<tr><td>长江中下游冬(秋播)麦区</td><td>1. 江淮平原区;2. 沿江滨湖区;3. 浙皖南部山地区;4. 湘赣丘陵区</td></tr>
<tr><td>西南冬(秋播)麦区</td><td>1. 云贵高原区;2. 四川盆地区;3. 陕南鄂西山地区</td></tr>
<tr><td>华南冬(晚秋播)麦区</td><td>1. 内陆山地丘陵区;2. 沿海平原区</td></tr>
<tr><td rowspan="2">冬春(兼播)麦区</td><td>新疆冬春(兼播)麦区</td><td>1. 北疆区;2. 南疆区</td></tr>
<tr><td>青藏春冬(兼播)麦区</td><td>1. 环湖盆地区;2. 青南藏北区;3. 川藏高原区</td></tr>
</table>

资料来源:中国小麦学,金善宝,1996年

表2-5　2020年全国冬、春小麦主产地生产情况

<table>
<tr><th rowspan="2">地区</th><th colspan="9">冬小麦</th><th colspan="3">春小麦</th></tr>
<tr><th>河北</th><th>江苏</th><th>安徽</th><th>山东</th><th>河南</th><th>湖北</th><th>陕西</th><th>四川</th><th>新疆</th><th>内蒙古</th><th>新疆</th><th>甘肃</th></tr>
<tr><td>播种面积/万 hm²</td><td>220</td><td>234</td><td>283</td><td>393</td><td>567</td><td>103</td><td>96.4</td><td>58.8</td><td>75.1</td><td>47.9</td><td>31.8</td><td>18.7</td></tr>
<tr><td>总产量/万 t</td><td>1433</td><td>1334</td><td>1672</td><td>2569</td><td>3753</td><td>401</td><td>413</td><td>244</td><td>411</td><td>183</td><td>172</td><td>97</td></tr>
</table>

资料来源:中国农村统计年鉴—2021

（一）春麦区

春麦区是指春天播种小麦地区，主要分布在长城以北，岷山、大雪山以西。

（1）东北春麦区　包括黑龙江、吉林两省全部和辽宁、内蒙古部分地区。本区小麦品种属春性，对光照反应敏感，生育期短，多在 90 d 左右。一年一熟，4 月中旬播种，7 月 20 日前后成熟。

（2）北部春麦区　包括内蒙古大部及河北、陕西、山西北部地区。种植制度以一年一熟为主，个别地区有二年三熟。本区小麦属春性，对光照反应敏感，生育期 90～120 d，播种期在 3 月中旬至 4 月中旬，成熟期在 7 月上旬左右，最晚可至 8 月份。

（3）西北春麦区　以甘肃、宁夏为主，还包括内蒙古、青海部分地区。种植制度为一年一熟，小麦品种属春性，生育期 120～130 d，3 月上旬播种，7 月中旬至 8 月上旬成熟。

（二）冬麦区

冬麦区是指秋季播种小麦的地区。冬麦区面积大、单产高、总产多，主要分布在长城以南，岷山、大雪山以东。由于分别处在暖温带及北亚、中亚、南亚热带，南、北自然条件差异较大，受温度和雨量变化的影响较大。

（1）北部冬麦区　包括北京、天津、河北、山西大部，陕西、辽宁、宁夏、甘肃部分地区。种植制度以二年三熟为主，一年二熟制在灌溉地区有所发展。品种类型为冬性或强冬性，生育期 270 d 左右，9 月中旬播种，6 月下旬成熟。

（2）黄淮冬麦区　包括山东全部、河南大部、河北、江苏、安徽、陕西、山西、甘肃部分地区，是中国小麦主产区，灌溉地区以一年二熟为主，旱地及丘陵地区多为二年三熟，部分地区为一年一熟。品种多为冬性或弱冬性，生育期 230 d 左右。播种期一般为 10 月上旬，小麦成熟期在 5 月下旬至 6 月上旬。

（3）长江中下游冬麦区　包括江苏、安徽、湖北、湖南大部，上海、浙江、江西全部以及河南信阳地区。以一年二熟为主，小麦品种多为半冬性或春性，生育期 200 d 左右，播种期为 10 月中下旬至 11 月中旬，翌年 5 月下旬成熟。

（4）西南冬麦区　包括贵州全部，四川、云南大部，陕西南部，湖北、湖南西部地区。以一年二熟为主，小麦品种为半冬性或春性，生育期 180～200 d，一般播种期为 10 月下旬至 11 月上旬。

(5)华南冬麦区　包括福建、广东、广西、台湾、海南全部及云南南部的德宏、西双版纳、红河等大部分或部分县。种植制度主要为一年三熟,多数以稻—稻—麦为主,部分地区有稻—麦二熟或二年三熟。小麦品种主要为春性,山区有少数弱冬性品种。小麦播期通常在11月上、中旬,成熟期一般在3月下旬至4月中旬,最早为3月中旬。

(三)冬春(兼播)麦区

(1)新疆冬春(兼播)麦区　北疆属中温带,温度偏低,雨量稍多;南疆属暖温带,气温稍高,但雨量过少,为我国最干旱的地区。全区南北自然条件差异大,在小麦品种使用上类型繁多,包括春性、弱冬性、冬性和强冬性的品种。冬小麦播种期北疆为9月中旬,南疆为9月下旬,翌年6月底至7月初成熟。春小麦播种期北疆在4月上旬,7月下旬至8月上旬成熟;南疆为2月下旬至3月初,7月中旬成熟。

(2)青藏春冬(兼播)麦区　包括西藏全部,青海除西宁市及海东市以外的大部,甘肃省西南部的甘南州大部,四川省西部的阿坝州、甘孜州,以及云南省西北的迪庆州和怒江州部分县。冬小麦面积占70%左右,冬小麦播种期在9月下旬,翌年9月10日左右收获,生育期达350 d左右,为全国冬小麦生育期最长的地区。春小麦在3月下旬至4月中旬播种,8月下旬至9月上旬成熟。本区是全国太阳辐射最多的地区,日照时间长,昼夜温差较大,因而小麦光合作用强,净光合效率高,易形成大穗、大粒。

三、按品质划分

综合考虑生态条件、土壤理化特性、品种的品质表现,以及消费习惯、市场需求、优质专用小麦生产现状和发展趋势等因素,可将全国小麦种植区划分为3个大区和10个亚区。

(一)北方强筋、中筋冬麦区

(1)华北北部强筋麦区　主要包括北京、天津、山西中部、河北中部和东北部地区,该区适宜发展强筋小麦。

(2)黄淮北部强筋、中筋麦区　主要包括河北南部、河南北部、山东中北部、山西南部、陕西北部和甘肃东部等地区。该区土层深厚、土壤肥沃的地区适宜发展强筋小麦，其他地区适宜发展中筋小麦。

（3）黄淮南部中筋麦区　主要包括河南中部、山东南部、江苏和安徽北部、陕西关中、甘肃天水等地区。该区以发展中筋小麦为主，肥力较高的砂姜黑土和潮土地带可发展强筋小麦，沿河冲积沙壤土地区可发展白皮弱筋小麦。

（二）南方中筋、弱筋冬麦区

（1）长江中下游中筋、弱筋麦区　包括江苏、安徽两省淮河以南地区，湖北大部以及河南南部地区。本区大部分地区适宜发展中筋小麦，沿江及沿海沙土地区可发展弱筋小麦。

（2）四川盆地中筋、弱筋麦区　包括盆西平原和丘陵山地。该区大部分地区适宜发展中筋小麦，部分地区也可发展弱筋小麦。

（3）云贵高原中筋麦区　包括四川西南部、贵州全部以及云南大部地区。该区适宜发展中筋小麦。其中贵州可适当发展一些弱筋小麦；云南应以发展中筋小麦为主，也可发展弱筋或部分强筋小麦。

（三）中筋、强筋春麦区

（1）东北强筋春麦区　主要包括黑龙江北部、东部和内蒙古大兴安岭等地区。该区适宜发展红粒强筋或中筋小麦。

（2）北部中筋春麦区　主要包括内蒙古东部、辽河平原、吉林西北部和河北、山西、陕西等春麦区。该区适宜发展红粒中筋小麦。

（3）西北强筋、中筋春麦区　主要包括甘肃中西部、宁夏全部以及新疆麦区。该区域的河西走廊适宜发展白粒强筋小麦，银宁灌区适宜发展红粒中筋小麦，陇中和宁夏西海地区适宜发展红粒中筋小麦，新疆麦区适宜发展强筋白粒小麦，其他地区可发展中筋白粒小麦。

（4）青藏高原春麦区　该区适宜发展红粒中筋小麦。

【知识链接】

1. 小麦国家质量标准

我国小麦质量按容重、不完善粒、杂质总量、水分、矿物质、色泽、气味分为 5 个等级（表 2-6）。

表 2-6　小麦国家质量标准等级(GB 1351—2008)

等级	容量/(g/L)	不完善粒/%	杂质/%		水分/%	色泽、气味
			总量	矿物质		
一级	≥790					
二级	≥770	≤6.0				
三级	≥750		≤1.0	≤0.5	≤12.5	正常
四级	≥730	≤8.0				
五级	≥710	≤10.0				

2. 专用小麦品种品质指标(表 2-7)

表 2-7　专用小麦品种品质指标(GB/T 17320—2013)

项目指标	强筋	中筋	弱筋
籽粒容重/(g/L)	≥770	≥770	≥770
蛋白质含量(干基)/%	≥14.0	≥13.0	<13.0
湿面筋含量(14%水分基)/%	≥32.0	≥28.0	<28.0
沉降值(Zeleny 法)/mL	≥45.0	30.0～45.0	<30.0
吸水率/%	≥60.0	≥56.0	<56.0
稳定时间/min	≥7.0	3.0～7.0	<3.0
最大抗延阻力/EU	≥350	200～400	≤250
拉伸面积/cm^2	≥100	40～80	≤50

强筋小麦:指蛋白质含量较高,面粉的筋力强,面团稳定时间较长,适合制作面包,也可用于配制中强筋力面粉的小麦。

中筋小麦:指蛋白质含量中等,面粉筋力适中,面团稳定时间中等,适合制作面条、馒头等食品的小麦。

弱筋小麦:指蛋白质含量较低,面粉筋力较弱,面团稳定时间较短,适合制作饼干、糕点等食品的小麦。

3. 优质强筋小麦、弱筋小麦品质指标(表 2-8)

表 2-8 优质强筋小麦、弱筋小麦品质指标(GB/T 17892—1999,GB/T 17893—1999)

项目		强筋一等	强筋二等	弱筋
籽粒	容重/(g/L)	≥770	≥770	≥750
	水分/%	≤12.5	≤12.5	≤12.5
	不完善粒/%	≤6.0	≤6.0	≤6.0
小麦粉	蛋白质含量/%	≥15.0	≥14.0	≥11.5
	湿面筋含量(14%水分基)/%	≥35.0	≥32.0	≥22.0
	面团稳定时间/min	≥10.0	≥7.0	≥2.5

第三节 小麦的生长发育

小麦植株的生命周期是从种子萌发开始的,在生长发育过程中,经过建成器官,到结出种子和植株衰老死亡。在生命周期内生长发育是连续进行的,但是生育的不同阶段形成的器官不同,体内生理活动也在不断地变化。人们为了研究和生产上栽培管理的方便,根据生长发育过程中一些明显的形态表现或生理特点,把小麦的一生划分为若干生育期和生育阶段。

一、小麦生育期

小麦从出苗到成熟的天数称为生育期。小麦生育期的长短,因品种、气候、生态条件和播种时间而有很大差异。我国从南到北,小麦生育期从 100 d 以下到 300 d 以上。小麦的主要生育期如下:

出苗期:全田有 50%出苗,主茎第一片叶露出胚芽鞘 2 cm 的日期。

三叶期:幼苗主茎第三片叶伸出 2 cm 的日期。

分蘖期:全田有 50%以上植株,幼苗第一个分蘖露出叶鞘 1.5 cm 的日期为分蘖期。

越冬期:日平均气温稳定在 2 ℃以下,植株地上部基本停止生长的日期。

返青期：开春后气温回升，植株恢复生长，主茎心叶新生部分露出叶鞘 1 cm 的日期。

起身期：麦苗由匍匐状开始向上直立生长，春生第一片叶叶鞘伸长，与冬前最后一叶叶耳距离达 2 cm，地下第一节间开始伸长的日期。

拔节期：全田有 50%以上的植株主茎第一伸长节间达到 2 cm 的日期。

孕穗期：全田有 50%以上单茎的旗叶叶片展开，全部从倒二叶叶鞘伸出时，进入孕穗期。

抽穗期：全田有 50%以上的麦穗顶端小穗(不连芒)露出旗叶叶鞘的日期。

开花期：全田有 50%以上的麦穗中、上部小穗小花开放，花药散粉的日期。

灌浆期：每一穗中部小穗的第 1、2 朵小花的籽粒长度达到颖壳的长度，籽粒内含物为白色汁液时即进入灌浆期，一般在开花后 10 d 左右。生产上记载的时期通常为全田 50%的植株达到上述标准的日期。

成熟期：全田小麦籽粒已表现该品种正常大小和颜色、光泽，内部变硬，不易为指甲划破，茎节已变黄，叶片差不多全部变黄的日期。

我国小麦品种生育期的地理差异，主要是由纬度与海拔的温光变化造成的，秋播小麦生育期随纬度的升高而延长，从北纬 18°左右的海南岛，生育期为 80 d 左右；北纬 20°～40°的黄淮麦区以及北部冬麦区，生育期可长达 250～280 d；新疆为 275～290 d；西藏高原可超过 300 d。纬度的升高和气温的下降，造成了不同时长的越冬停止生长过程，这是南北秋播小麦生育期差异的重要原因。北纬 30°左右的地区，小麦越冬期 20 d 左右；北纬 35°～40°的地区，越冬期长达 85～140 d；而北纬 30°往南，越冬期气温逐渐升高，小麦仍有不同程度的生长，生育期因而缩短，至华南冬麦区，生育期可缩短到与春小麦近似。

二、小麦生育阶段

在小麦一生中，形态建成有两个明显的转折：一是幼穗开始花器分化，自拔节开始，以起身即生理拔节或幼穗分化到二棱末期为转折点；二是器官包括营养器官和结实器官全部建成，开花受精，植株转入下一代的种子形成，以开花为转折点。以此两个转折点为界，可以把小麦一生分为三个生育阶段。

(一)幼苗阶段

从种子萌发到起身期为幼苗阶段。为了便于观察记载，可以包括从出苗到起身止一段时期。起身的实质标志是幼穗分化的二棱期或生理拔节。从幼穗分化过程看，生长系统的伸长、单棱和二棱都是穗轴的分化，从发生学角度看都是茎的分化，只有二棱末期以后的护颖和小花分化才开始结实器官的分化。因此，在幼苗阶段，小麦植株多分化生长叶、根和分蘖，是形成壮苗的重要阶段，也是采取措施使弱苗转壮、控制麦苗旺长使之壮而不旺的关键时期。分蘖基本上全在此阶段出现，所以在此阶段确定群体总茎数，为最后穗数奠定基础。如果分蘖数量不足或过多，可以在这个阶段采取措施促其增加或控制其过多出现；还可以在本阶段后期，即返青到起身前分蘖两极分化的前期，采取措施提高或降低分蘖成穗率，获得适宜的穗数。在生产上，这个阶段是决定穗数的关键时期，此阶段的幼苗生长状况对以后结实器官的形成也有重大影响。

（二）器官建成阶段

此阶段包括从起身到开花的一段时期。在此期间形成全部叶片、根系、茎秆和花器，植株的全部营养器官和结实器官均已建成。这个阶段是花器分化时期，因而也是决定穗粒数的关键时期。分蘖经过两极分化，有效分蘖和无效分蘖界限分明，群体穗数也在此期间最后确定。植株建成状况也为下阶段籽粒形成奠定基础。这个阶段是小麦一生中生长最快的时期，也是对产量形成有决定性作用的时期，因而也是麦田管理的关键时期。

（三）籽粒形成阶段

此阶段包括从开花到成熟的一段时期。籽粒形成过程既是上一代生殖器官的生长发育，也是下一代生命的初始阶段，是上下代生命交替的时期。作为上一代植物体的各种器官均已建成，只是作为亲本还在繁殖下一代的胚胎，形成种子。在生产上，这个阶段是决定粒重的关键时期，麦田管理对粒重和籽粒品质有着重要影响。

三、小麦品种的感温性与感光性

小麦从种子萌发到成熟的生活周期内，必须经过几个循序渐进的质变阶段，才能开始进行生殖生长，完成生活周期。目前，已经研究较清楚且与生产关系密切的为春化阶段和光照阶段。

(一)春化阶段(感温阶段)

萌动种子胚的生长点或幼苗,只要有适宜的外界条件就能开始生长并通过春化阶段发育。在春化阶段所需要的外界条件中,起综合作用的是一定时间的低温。根据春化阶段对温度要求的高低和时间长短的不同,可将小麦品种划分为以下 3 种类型。

1. 春性品种

在 0～12 ℃的条件下,经过 5～15 d 可完成春化阶段发育。未经春化处理的种子在春天播种也能正常抽穗结实。

2. 半冬性品种

在 0～7 ℃的条件下,经过 15～35 d 即可通过春化阶段。未经春化处理的种子春播,不能抽穗,或延迟抽穗,抽穗极不整齐。

3. 冬性品种

对温度要求极为敏感,在 0～3 ℃条件下经过 40～50 d 才能完成春化阶段发育。未经春化处理的种子春播,不能抽穗结实。

(二)光照阶段(感光阶段)

小麦在完成春化后,在适宜条件下进入光照阶段。小麦是长日照作物,光照阶段首先要求一定天数的长日照,其次要求比较高的温度。此阶段如果不满足长日照条件,有些品种就不能通过光照阶段,不能抽穗结实。根据对光照长短的反应,小麦可分为 3 种类型:

1. 反应迟钝型

在每天 8～12 h 的光照条件下,经 16 d 以上就能顺利通过光照阶段而抽穗,不因日照长短而有明显差异。一般南方低纬度地区冬播的春性品种属于此类。

2. 反应中等型

在每天 8 h 的光照条件下不能抽穗,每天光照 12 h 以上经过 21 d 可以通过光照阶段而抽穗。一般半冬性品种属于此类。

3. 反应敏感型

在每天 8～12 h 的光照条件下不能通过光照阶段,每天光照 12 h 以上、经过 30～40 d 才能通过光照阶段而正常抽穗。一般冬性品种属于此类。

(三)温光反应在生产上的应用

1. 不同感温品种的农艺性状

一般冬性品种迟熟,耐寒抗冻,分蘖力强,植株匍匐;春性品种早熟,不耐寒抗冻,分蘖力弱,植株直立;半冬性品种居中。

2. 不同种植区域的品种选择

地处北纬33°附近的黄淮麦区,1月份温度最低,平均温度多在0 ℃左右,冬、春季日照长度在12 h左右,以种植半冬性、光反应中等型品种为主。由此,向高纬度逐渐过渡到冬性品种和光照反应敏感型品种,而向低纬度,则逐渐过渡到春性品种和光照反应迟钝型品种。

3. 在栽培中的应用

(1)品种布局与农时安排 冬性品种宜安排在早茬地,半冬性品种安排在中茬地,春性品种安排在晚茬地。在既可种植半冬性又可种植春性品种的地区,应首先播种半冬性品种,然后是春性品种。

(2)播种期的确定 春性品种播种过早,将很快通过阶段发育,抗寒能力降低,易受冻害,一般当日平均气温降至14 ℃时开始播种。冬性品种、半冬性品种比春性品种播种期早,一般当日平均温度降至18 ℃时便可播种。

(3)播种量的确定 春性品种分蘖力弱,单株分蘖少,宜密植,播种量宜大;冬性品种分蘖力强,播种量相应宜少;半冬性品种居中。

(4)田间管理措施 对于春性品种,冬前宜加大肥水,以促进低位分蘖的发生,冬季调控群体;对冬性、半冬性品种,冬、春季应合理调控群体,使群体、个体充分协调。

(5)判断发育进程 根据发育进程,采取相应的措施以增加穗数或粒数,最终争取高产。

四、小麦的器官建成

(一)营养器官的建成

1. 根系的生长

(1)根系的类型 小麦的根系为须根系,由初生根群和次生根群组成。初生根由种子生出,又称种子根或胚根。当种子萌发时,从胚的基部首先长出一条主胚根，继而长出 1 对或 2 对或更多的侧胚根，一般在 7～10 d 之内全部形成（图 2-3）。当第一片绿叶展开后，初生根停止发生，其数目一般 3～5 条，多者可达 7～8 条，根细而坚韧，有分支，倾向于垂直向下生长，入土较深，冬小麦可深达 3 m。

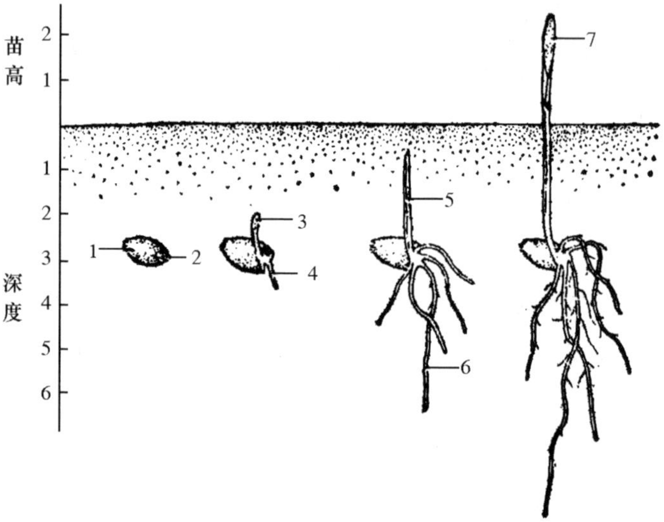

图 2-3　小麦种子发芽出苗过程（单位：cm）

1. 种子　2. 胚　3. 胚芽　4、6. 胚根　5. 胚芽鞘　7. 第一片真叶

（2）次生根的生长　次生根发生在茎基部的节上和分蘖的基部节上，又称节根。伴随分蘖的发生，在主茎分蘖节上，自下而上逐节发根，每节发根数 1～3 条。分蘖形成后也依此模式长出自己的次生根。一般到开花期，次生根数达最大值，每株有 30～70 条，多者可达 100 条。次生根比初生根粗壮，且多分支和根毛，下伸角度大，入土较浅，开花时极少部分可达 1 m，大部分（80%以上）分布于 0～40 cm 土层内。

初生根出生早、扎根深，不仅在幼苗生长初期起着重要的吸收作用，而且功能期可延续到灌浆以后，对后期干旱条件下利用深层土壤水分具有特殊意义。次生根数量大，功能强，是根系的主体部分，与高产有着密切的关系。根系生长高峰与干物质积累高峰，早于地上部生长高峰与干物质积累高峰出现，因而根系发育好坏，根系活动与延续时间长短，直接关系到地上部的生长和产量形成。

（3）根系生长的环境条件　①温度：根系生长的最适宜温度为 16～22 ℃，

最低温度为 2 ℃，超过 30 ℃根系生长受到抑制。②土壤水分：最适宜的土壤水分含量为田间持水量的 70%～80%。水分过多，氧气不足，生长受到抑制；水分过少，根量少，且易早衰，但土壤上层适度干旱会促使根系下扎。③土壤肥力：肥力高则根系发达。氮肥适宜，可促进根系生长，提高根系活力，但氮肥过多，地上部旺长，根系生长减弱，不能促进根系伸长和分支。由于小麦苗期土壤温度低，供磷强度弱，生产上增施磷肥往往有促根壮苗的效应。

2. 茎的生长

(1)茎节的分化与形态结构　小麦茎由茎节和节间组成。茎节是指地上部能够伸长的节与节间，它是由幼穗转入生殖生长前伴随最后 5～6 片叶原基分化而成的。地下节间不伸长，密集成分蘖节；地上 4～6 节，主茎一般为 5～6 节，成穗的分蘖多为 4～5 节。

伸长后的小麦茎秆为直立圆柱形，由节与节间组成，节处为实心，有一横隔，节间中空，基部为叶鞘所包。基部第一节间最短，以上各节依次增长，穗下节最长，一般占株高的 1/3 以上。

(2)茎秆的生长　包括节间的伸长、增粗（茎壁增厚）和充实（单位长度的增重）三个过程。节间伸长开始于二棱始期（生理拔节），但伸长量甚小，伴随着穗发育的进程，伸长量渐增。最早伸长的节间是地上基部第一节间，此后按节位自下而上顺序伸长。节间伸长过程与幼穗分化同步，拔节期相当于雌雄蕊原基分化之后，药隔形成之前；孕穗前后穗下节处于伸长期，内部正值四分体分化期，是水肥临界期。

(3)茎秆生长的环境条件　茎秆生长受外界环境的影响很大，茎秆一般在 10 ℃以上开始伸长，12～16 ℃形成的茎秆较粗壮，高于 20 ℃茎伸长快，细弱，易倒伏。强光对节间伸长有抑制作用。拔节期群体过大，田间郁闭，通风透光不良，常引起基部节间发育不良而倒伏。充足的水分和氮素能促进节间伸长，磷素和钾素能促使茎壁加厚增粗。在拔节前控水蹲苗有利于防倒伏。生产上应选用高产抗倒伏品种，适当控制群体密度，并采用合理的肥水运筹，促使茎的基部节间稳健伸长，形成壮秆大穗，增强植株的抗倒伏能力。

3. 叶的生长

(1)叶的形态建成　小麦的完全叶由叶片、叶鞘、叶耳、叶舌组成（图 2-4）。叶鞘有增强茎秆强度的作用。当主茎第 n 叶片开始伸长时，与其同时伸长的器

官是第 $n-1$ 叶鞘和第 $n-2$ 节间。叶的建成经历分化、伸长和定型过程。除幼苗第 1～3 叶是在种子胚中分化外，其余叶均由茎生长锥分化形成。叶的伸长从叶尖开始，先叶片伸长，后叶鞘伸长。叶片伸长初期呈锥状体，称为心叶。心叶继续伸长逐渐展开，到叶片全部展开，基部可见叶耳和叶舌时即定型，不再伸长。叶片从露尖到定型为伸长期，从定型到衰枯前为功能期。叶片在功能期光合作用旺盛，有较多的光合产物输出，功能期的长短因品种、叶位、气候以及栽培条件而异。

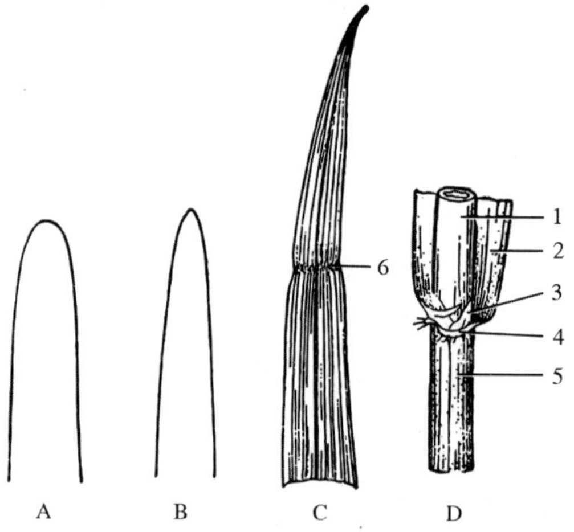

图 2-4　小麦的叶和叶尖

A. 第一片真叶的叶尖　B. 第二片真叶的叶尖　C. 较老叶片的叶尖　D. 小麦的叶

1. 茎　2. 叶片　3. 叶舌　4. 叶耳　5. 叶鞘　6. 叶束

（2）小麦主茎叶片数　小麦从茎顶端生长锥开始叶原基分化，直到生长锥开始由单棱转入二棱期（生殖器官分化），叶原基才完全停止分化，这期间主茎分化的总叶数为主茎最终叶片数。为了反映主茎动态连续的出叶过程，常以主茎叶龄表示，田间观察记载时，对正在出生伸长的叶片，按 10 进位计数，将一个叶片分为 0.1，0.2，…，1.0 片，通常将叶片露尖 1 cm 左右定为 0.1 片，叶片达到定长时计作 1.0 片，这样主茎叶数的表达就呈一位小数，如叶龄 5.5，表示第 5 片叶定型，第 6 片叶生长半片。小麦主茎叶片数的多少，随品种、播种期及栽培条件的不同而不同。在生产实践中，主茎叶数的变化，是鉴别品种生育特性与判断调控栽培技术的依据。

小麦主茎叶片是在植株生长发育过程中陆续发生的，其发生的时间、着生的位置及作用功能均有所不同，一般分为以下两个功能叶组：①近根叶组：着生于分蘖节，叶数多少与长势主要由品种温光特性、播期早晚及自然栽培条件决定。光合产物在拔节前主要供应根系、分蘖、中下部叶片的生长及早期幼穗发育。②茎生叶组：着生于伸长节上，叶数与节数相当，稳定在4～6片，大多为5片。其功能主要是供给茎节生长与穗部发育所需的营养，对壮秆大穗起着重要的作用。旗叶及倒2叶是籽粒灌浆的重要光合产物制造叶，保持叶片功能，有利于光合效率的提高。

(3)叶片生长的环境条件　温度、光照，尤其是肥水等环境条件，对叶片生长有明显的影响。土壤干旱时，植株吸水不足，叶片短小，角质化程度高；水分充足，叶片比较宽大。氮肥充足，可使叶片增大，功能期延长，叶色浓绿；氮肥不足，则叶片窄瘦，叶色淡黄。缺磷时，小麦叶片缩小，叶片常呈紫绿色或暗绿色。因此，控制肥水，特别是氮肥的供应，是调整叶片大小和叶色浓淡的主要手段。

4. 分蘖的生长

小麦从主茎上长出的侧枝及侧枝上的分枝均称为分蘖。小麦是具有很强分蘖习性的作物。通常在成熟种子胚的胚芽鞘原基的腋部已分化出一个腋芽，即蘖芽原基。在种子萌发以后，随新叶原基的陆续形成，在生长锥顶端下面2～3个叶原基的腋部，向上按顺序分化出一个腋芽。同主茎一样，每个蘖芽的生长锥在分化叶原基时也分化腋芽。这些腋芽的叶片长大伸出主茎或上一级分蘖包着它的叶鞘时，被认为是分蘖(图2-5)，未伸出叶鞘的腋芽，只称为蘖芽或潜伏蘖。小麦在拔节和穗分化开始以前，植株可以分化出大量蘖芽原基，在适宜的条件下，相当数量的蘖芽长大成分蘖。

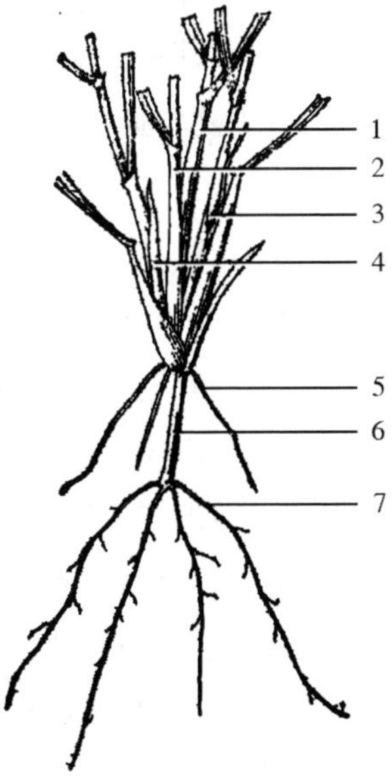

图2-5　小麦的分蘖植株

1. 主茎　2. 第三分蘖　3. 第二分蘖
4. 第一分蘖　5. 次生根　6. 根茎
7. 种子根

(1)分蘖节及其作用　分蘖节是小麦苗分蘖发生的位置，是植株地下部不伸长的节间、节、腋芽聚集在一起形成的节群。分蘖节不仅是分化叶片、发生分蘖和次生根的器官，而且还是养分的贮藏器官。幼苗时期，分蘖节不断分化出叶片、分蘖芽和次生根。分蘖芽的顶端生长锥同样可分化出叶片和次一级的分蘖芽与次生根。分蘖节内有大量的维管束，联络着根系、主茎的分蘖，成为整个植株的输导枢纽。分蘖节内贮藏有营养物质。冬小麦越冬期，分蘖节中贮藏的糖类使分蘖节具有高度的抗寒力，即使生长的叶片全部冻枯，只要分蘖节完好，来年春季仍能恢复生机。因此，保护分蘖节不受冻害是麦苗安全越冬的关键。

(2)分蘖出现的同伸关系　分蘖的出现和初期生长主要表现在叶片上。一些分蘖的相应叶片在相距较短时间里出现，称为同伸叶。因各分蘖的出现均以第一片完全叶伸出叶鞘为标志，所以相距时间较短出现的一批分蘖称为同伸蘖。

适期播种条件下，小麦出苗后 15～20 d 就进入分蘖期。直接发生于主茎上的分蘖为一级分蘖，用Ⅰ、Ⅱ、Ⅲ……表示；在一级分蘖上所发生的分蘖为二级分蘖，用$Ⅰ_1$、$Ⅱ_1$、$Ⅲ_1$……表示；依次类推。

分蘖与主茎叶片发生具有同伸关系，一般是主茎第三叶伸出叶鞘时，少部分幼苗长出胚芽鞘分蘖；主茎第四叶长出叶鞘时，第一个一级分蘖从第一片叶伸出，以后主茎每伸出一片新叶，依次出现一个一级分蘖，已经伸出的分蘖各增加一片新叶。当各级分蘖伸出第三片叶时，它的第一个下一级分蘖从其鞘状叶中伸出第一片叶。之后，与主茎同样，每伸出一片新叶，依次出现一个下一级分蘖，各已出现的分蘖均增加一片新叶。

生产上受环境条件的影响，会产生分蘖缺位、三至四级以上的分蘖难以按分蘖同伸关系出现。所以，分蘖的同伸关系只能在理论上存在，实际麦田中的小麦很难完整地按照同伸关系出现分蘖。

(3)小麦分蘖与成穗　小麦分蘖能否成穗以及成穗率的高低，因分蘖发生的时间早晚、品种和栽培条件不同而有较大差异。冬小麦一般入冬前形成的低位分蘖成穗率高，开春后形成的高位小分蘖成穗率低。冬性、半冬性品种，主茎分化的叶原基和分蘖芽较多，分蘖力较强，成穗率高；春性品种分蘖力较弱，成穗率低。同一品种随种植密度增加而分蘖成穗率下降，密度相同，肥水条件好的分蘖成穗率高。适期播种冬前形成的低位大分蘖成穗率高。晚茬麦或冬前分蘖数量不足的田块，返青后如能及早进行肥水促进，加速早春分蘖生长，在群体较小的情况下，这些分蘖上升为上层分蘖，受光条件改善，生育进程与主茎差距缩小，能与主茎同时进入小花分化期的才能成穗。

（二）结实器官的建成

1. 麦穗的形成

（1）麦穗的构造 小麦穗在植物学上称为复穗状花序，是由带节的穗轴和着生其上的小穗组成的。穗轴由节片组成，节片的顶端着生小穗，在同一穗的节上有时也有复生或并列小穗。每个小穗由 2 片护颖、1 个小穗轴和数朵小花组成，每朵小花包括 1 片内稃、1 片外稃、3 个雄蕊（花丝、花药）、1 个雌蕊（子房、柱头、花柱）和 2 个浆片（图 2-6），受精后子房发育成籽粒。有些品种外穗顶端着生芒，芒的有无、形状、长短、颜色也是品种特性之一。芒有较多的气孔和较高的蒸腾作用，对天气干旱反应敏感。

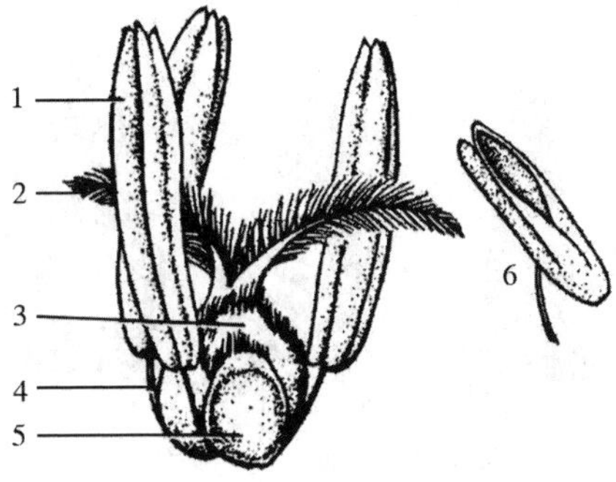

图 2-6 小麦的花

1. 花药 2. 柱头 3. 子房 4. 花丝 5. 浆片 6. 开裂的花药

麦穗的稃片和茎含有很多叶绿体，能进行光合作用，它的同化产物大部分保留在穗中，供麦粒灌浆充实之用。通常 1 个麦穗可以分化 15～22 个小穗，每个小穗可分化 5～9 朵小花原基，每个麦穗分化的小花原基数在 120 朵以上，高产田可在 170 朵以上，一般每个小穗仅下部的 2～3 个小花结实，上部的几朵小花发育不完全而退化，结实小花数仅为分化小花数的 20%～30%。

（2）麦穗分化过程 小麦穗是由茎顶端生长锥分化形成的。穗分化前，茎生长锥未伸长，为半球体，宽大于高，陆续分化叶、腋芽和茎节原基。通过春化阶段后，生长锥不断分化生殖器官，分化过程可分为生长锥伸长期、单棱期（穗轴分化期）、二棱期（小穗原基分化期）、护颖原基分化期、小花原基分化期、雌雄蕊原基分化期、药隔形成期和四分体形成期 8 个时期（图 2-7）。

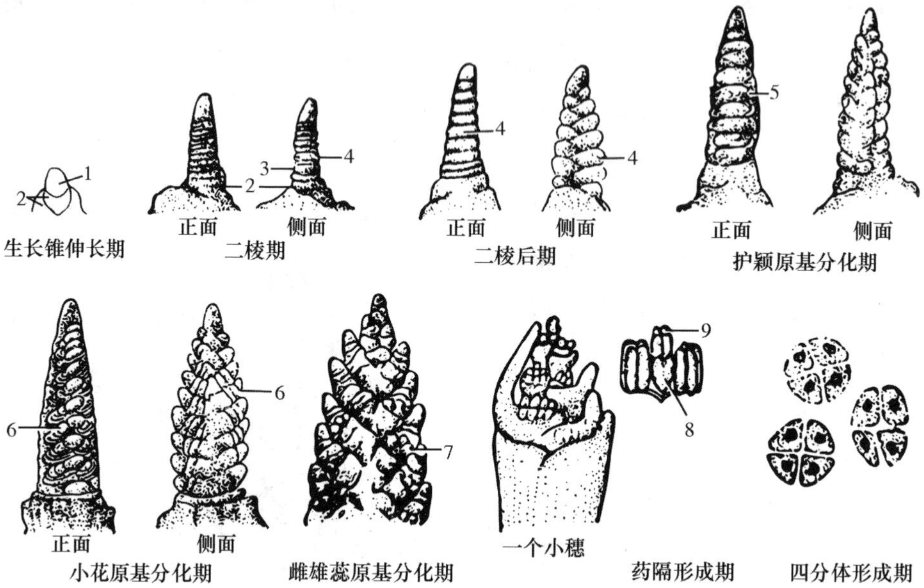

图 2-7　小麦幼穗分化过程

1.生长锥　2.叶原基　3.苞原基　4.小穗原基　5.护颖原基

6.小花原基　7.雌雄蕊原基　8.雌蕊　9.雄蕊

(3)不同麦区穗分化时间　我国不同麦区自然生态条件与品种生态类型不同,麦穗分化的起止时间与分化时期长度各有不同。①北方晚熟冬麦区,由于1月份平均温度在－6 ℃以下,品种多属冬性或强冬性类型,一般以叶原基分化期越冬,春季3月份开始伸长分化。因此,幼穗分化时间短,该区偏南地区可在2月下旬进入伸长分化期。②黄淮平原中部冬麦区,1月份平均温度在0 ℃左右,冬季温暖,品种又多属半冬性偏春类型。因此,一般入冬前即可伸长分化,并以单棱或二棱期越冬,幼穗分化时间长,因而易形成大穗结构。③长江中下游冬麦区,1月份平均温度在0～5 ℃,品种多为秋冬播种的春性或弱春性类型,多在10月中旬至11月上旬后播种,但冬季温暖,小麦品种又属春性,因此幼穗分化几乎都在冬季及早春进行。④华南麦区,1月份平均温度在4 ℃以上,品种多属春性或弱春性类型,播种较晚,幼穗分化发育快,抽穗早。⑤西藏冬春麦区是我国的特殊生态区,海拔高但纬度偏低,冬季和春夏气候温和,秋播品种为冬性或强冬性类型,穗分化时间长,生育期长。⑥东北、华北、西北春麦区,由于1月份平均气温在－12 ℃以下,冬麦难以越冬,故为春播春性品种生态区,幼穗分化时间短、速度快，一般为30～40 d，是我国小麦穗分化时间最短的地区。幼穗分化时间的长短，是构成我国不同麦区产量结构差异的重要原因。

(4)麦穗分化的环境条件　小麦穗分化与温度、光照、水分和营养等环境条件密切相关。①温度：一般认为幼穗分化过程中温度在10 ℃以下，可延缓幼穗分化时间，加大某个分化阶段的时长，有利于形成大穗，因此春季气温回升慢的年份易形成多粒的产量结构。高温可加速光照阶段的通过，因而形成较少的小穗和小花。②光照：长时间的光照可促进光周期的通过，加速穗的分化过程。因此，在春季干旱气温较高的气候条件下，一般光照充足，穗分化加快，时间缩短，往往不利于获得大穗多粒。短日照能延缓光周期的通过，从而延长穗的发育，有利于穗大粒多。南方地区小麦穗分化期间多处于较低的温度和多云光照不足的条件下，因而发育的穗子较大。但是在幼穗发育的后期，过弱的光照常使花粉及子房发育不正常，导致不育小穗和小花的数目增多，群体过大时，下层穗发育较差。花而不实的原因也与光照不足有关。③水分：穗分化各个时期的干旱都直接影响穗部的发育，但不同时期的干旱对穗部影响不同，单棱期干旱，穗长明显小；小花原基分化期干旱，使结实小穗数降低；性细胞形成期干旱，不育小花增加，对产量影响极大；药隔形成期至四分体形成期是小麦一生中需水的临界期。④营养：一般的肥力水平下，氮肥可以延长穗分化时间及提高分化强度，增施氮肥可以增加相应器官的数目，特别是药隔形成期至四分体形成期，保证氮素营养可以减少退化小花数，提高小花结实率，是增加粒数的有效措施。磷肥可以加速穗的发育，药隔形成期至四分体形成期缺磷，会影响性细胞的发育，增加退化小花。在高产条件下大量增施氮肥，往往对穗的分化不利，引起营养生长过旺、群体郁闭，造成碳氮比失调、碳素营养不足、光合产物减少。

2. 麦粒的形成

籽粒是小麦植株最后形成的一个产量因素，是植株个体发育、栽培技术、环境条件的最终体现。抽穗后3～5 d开花，开花的顺序是先主茎穗后分蘖穗，先中部小穗后穗的两端，同一小穗则是由基部小花依次向上开，全穗开花持续3～5 d。开花时，花粉粒落在柱头上，一般经1～2 h即可发芽，并在24～36 h后完成受精过程。小麦从开花受精到籽粒成熟，可分为3个过程。

(1)籽粒形成过程　从受精坐脐开始，历时10～15 d。在此期间，胚和胚乳迅速发育，胚乳细胞数在此期间被决定，因而是形成籽粒潜在库容的时期。该时期明显的特点是籽粒长度增长最快，宽度和厚度增加缓慢；籽粒含水量急剧增加，含水率达70%以上，干物质增加很少，籽粒外观由灰白色逐渐转为灰绿色，胚乳由清水状变为清乳状。当籽粒长度达到最大长度的3/4时(多半仁)，该过程结束。

(2)籽粒灌浆过程　从多半仁开始，到蜡熟前结束，历经乳熟期和面团期2个时期。①乳熟期：历时20～25 d，籽粒长度继续增长并达最大值，宽度和厚度也明显增加，随着体积增长，胚乳细胞中淀粉体迅速沉积淀粉，并不断分化形成新的淀粉粒，籽粒干重呈线性增长。一般在灌浆高峰期，茎、叶等营养器官中的贮藏物质也向籽粒运转，参与籽粒物质积累。籽粒的绝对含水量变化比较平稳，但相对含水率则由于干物质不断积累而下降(由70%降为45%)，胚乳由清乳状最后成为乳状。籽粒外观由灰绿色变鲜绿色，继而转为绿黄色，表面有光泽。②面团期：历时3～5 d，籽粒含水率下降到38%～40%，干重增加转慢，籽粒表面由绿黄色变为黄绿色，失去光泽，胚乳呈面筋状，体积开始缩小，灌浆过程结束，干重增长缓慢。此时期是穗鲜重最大的时期，要注意防止倒伏。

(3)籽粒成熟过程　该过程经历时间短，变化快，历时7～10 d，其过程又可分为蜡熟期和完熟期。①蜡熟期：籽粒含水率由40%急剧降至20%左右，籽粒由黄绿色变为黄色，胚乳由面筋状变为蜡质状。叶片大部或全部枯黄，穗下节间呈全黄色。蜡熟末期籽粒干重达最大值，是生理的成熟期，也是收获适期。②完熟期：籽粒含水量继续下降到14%～16%，干物质停止积累，体积缩小，籽粒变硬，称为硬仁。该期历时2～3 d，是麦熟一晌，颖壳易“炸裂”造成落粒的时期。

(4)麦粒形成的环境条件　①温度：灌浆最适宜温度为20～22 ℃，随着温度升高灌浆过程加速。高于25 ℃籽粒脱水过快，灌浆过程缩短，淀粉积累少，粒重低。高于30 ℃，即使有灌水条件，也会导致胚乳中淀粉沉积提前停止。干热风天气会影响小麦正常受粉结实，产生高温逼熟，轻者减产5%～10%，重的减产20%以上。②光照：光照不足影响光合生产，并阻碍光合产物向籽粒转移。高产田容易出现密度过大、群体内光照不足的现象，影响籽粒体积和质量增加，因此，应建立合理的群体结构，改善光照条件，增加粒重。③土壤水分：适宜的土壤水分为田间持水量的75%左右，灌浆期内植株和籽粒含水量降到40%时，营养物质转运量、积累量达最低值，导致粒重下降。土壤水分过多，会影响根系活动及对氮素的吸收，降低籽粒的含氮量，使粒重下降。在完熟期，白皮小麦品种，遇连阴雨，易导致穗发芽，籽粒品质下降。④矿物质营养：后期氮素不足影响灌浆，但氮素过多会造成贪青晚熟，降低粒重。磷、钾可促进糖类和氮素化合物的转化，有利于籽粒灌浆成熟，后期根外喷磷、钾可以提高籽粒重。

五、小麦的产量形成

小麦的经济系数一般为0.35～0.50，籽粒中有机物质占90%～95%，矿物质占5%～10%。经济产量是由每公顷有效穗数、每穗粒数和粒重三个因素构成的。产量三因素受品种特性、生态环境、肥水管理技术等影响，当三者协调发展时才能获得高产。

（一）构成小麦产量的三因素

1. 有效穗数

小麦的有效穗数取决于基本苗数、单株分蘖数和分蘖成穗率。主茎一般能成穗，冬小麦冬前出生的低节位分蘖成穗率较高，春季出生的高节位分蘖成穗率低。小麦分蘖发生的时期与数量及成穗率，与品种特性及栽培技术有关，在播种时应根据品种阶段发育类型与栽培特性、土壤肥力、产量指标、播种期及气候条件等确定合理的基本苗数，并在播后加强管理，在冬前有效分蘖成穗可靠叶龄期内，使群体茎蘖数达到预期穗数值，保证实现最佳穗数。群体穗数主要取决于营养生长阶段。

2. 每穗粒数

每穗粒数取决于小穗、小花的分化数和结实率。小穗分化数于基部第一伸长节间开始伸长前决定，小花分化数于剑叶出生前决定。小花退化主要集中于花粉母细胞减数分裂期，已分化的小花60%～70%在此期间退化成无效花，还有部分小花在开花前不能正常受精而败育。一般正常生长条件下，提高每穗结实粒数的关键是减少小花退化数。因此，小麦高产栽培需要保证孕穗至开花期有良好的肥水条件供应，以减少小花退化，增加可孕小花数，提高每穗结实粒数。

3. 粒重

小麦粒重主要取决于生育后期。籽粒灌浆物质来自抽穗前茎鞘等器官贮藏物质的转化和开花后光合产物的输送，在高产条件下，开花后光合产物在籽粒灌浆物质中所占的比例更大，即粒重的高低主要取决于开花后的光合产物量及向籽粒的转运率。因此，在小麦生育后期注意养根保叶，防止早衰和贪青，有利于小麦粒重的提高。

（二）小麦产量结构三因素的应用

不同生态与生产条件和小麦产量水平，有着不同的三因素产量结构和主攻方向。

1. 低产田主攻增穗增产

低产田是指小麦单产在 4000 kg/hm² 以下的田块。低产田由于受土壤质地、肥水条件、小麦品种特性及栽培管理水平等因素的限制，小麦苗情长势差，群体苗数及成穗数不足是影响产量提高的主要原因。因此，要增施肥料，培肥地力，适当增加播种密度，培育壮苗，主攻增穗增产。

2. 中产田主攻大穗增产

中产田是指小麦单产在 5000 kg/hm² 左右的田块。这一类麦田占全国小麦种植面积的 60%左右，土壤肥力和栽培管理水平较高，小麦苗情多为二类，要在保证一定穗数的基础上，主攻大穗增产。

3. 高产田主攻穗粒重增产

高产田是指小麦单产在 7000 kg/hm² 以上的田块。这类麦田小麦品种优良，土壤肥力和栽培管理水平高、长势壮，要在较多有效穗的基础上，主攻穗粒重增产。

第四节　小麦栽培技术

进一步提高小麦产量，需要创建小麦良好的生长环境条件，因地制宜设计小麦产量水平，选择优良品种、配方施肥、适期播种、合理密植、科学管理等绿色生产技术。

一、创建小麦高产农田

要夺取小麦优质高产，首先要根据本地自然环境特点，加强以改土、治水为中心，土、肥、水相结合的农田基本建设，为小麦优质高产稳产创造必要的生态环境条件，打好物质基础。

（一）创建小麦高产的土壤条件

小麦虽适应性比较强，各种土壤都可种植，但要达到优质高产稳产，必须创造一个良好的土壤条件，以满足小麦生育过程中对水、肥、气、热的条件要求。小麦高产田的土壤一般具有以下特点。

1. 耕层深厚，结构良好

耕作层厚可蓄纳较多雨水，扩大施肥范围，加速土壤熟化，为小麦根系生长发育创造有利条件。高产麦田的耕层深度一般在 25 cm 左右，同时具有疏松、软绵的耕层构造，土壤容重多在 1.1～1.35 g/cm^3，孔隙度 5.0%～5.5%，非毛管孔隙度 15%～20%。这样的土壤抗旱、防涝、保肥和供肥能力强，耕性好，耕作阻力小，适宜耕作的时间长，有利于提高整地和播种质量。

2. 有机质丰富，养分协调

有机质主要组成物腐殖质中所含的胡敏酸类，可以促进小麦的生长发育，促进土壤微生物活动，有利于土壤中养分的转化，还能促进土壤团粒结构的形成，改善土壤物理性质。各地高产麦田的土壤有机质含量，一般砂性土壤都在 1.2%以上，黏性土壤在 2.5%以上。土壤有机质不仅数量要多，而且质量要好。高产麦田的有机质中，易分解部分要占有机质总量的 50%以上。

3. 缓坡坪地，酸碱度适宜

高产麦田要求土地平整，地面坡降控制在 0.1%～0.3%，达到干旱能灌，雨涝能排。适宜的土壤酸碱度为 pH 6.5～7.0。

4. 因地制宜，翻耕整地

为满足小麦对土壤环境的要求，应结合当地土壤状况，因地制宜进行土壤耕作，创造一个紧实度适宜的耕作层。麦田整地方法因气候、土质、耕作制度和前茬作物而不同。南方麦区既有广大的平原和丘陵地区，也有海拔 2000 m 以上的高寒山区，有的地区冬春干旱，雨量少，蒸发量大，要抗旱保墒，有的地区雨水多，要防止烂耕烂种。各地的复种轮作制度不同，小麦的前茬作物收获早晚不同，耕作技术也不相同。

（1）旱地麦田耕整方法　旱地麦田应根据前茬作物种类、气候条件、土壤水分状况，及时进行耕作，以保存土壤水分。如前茬作物为玉米、芝麻、花生、绿豆、高粱等早秋作物，在收获后离种麦还有一段时间，可在前茬作物收获后浅耕灭茬，及时深耕晒垡，雨后适墒旋耕保墒。若前茬是晚秋收作物，如晚玉米、甘薯、棉花等，收获迟，季节紧，应边收、边耕、边旋整地，随即播种。

(2)稻茬麦田耕整方法　稻茬田土壤含水量高，土质黏重，土壤不易整细，要抓好稻田水分管理，在收稻前 7～10 d 控水晒田。如前作是中稻田，收稻后离小麦播种有 40 d 左右，可深耕晒垡炕土，种麦前旋耕整地机械播种。一季晚稻田，收稻迟，种麦季节紧，土壤板结黏重，宜耕性差，必须在土壤水分适宜的较短时间内，随耕整、随播种。如遇秋季连续阴雨天气，要提早开沟排水，旋耕整地播种，防止烂耕烂种。

(二)小麦的需肥特性与合理用肥

1. 小麦的需肥特性

小麦除从空气中获得 CO_2 外，还从土壤中获得水分和所需要的氮、磷、钾、硫、钙、镁、铁、氯、锰、硼、锌、铜、钼等十几种无机营养元素。在小麦不同生育期、不同层位叶、不同器官中各种元素的变化很大，而且在细胞内存在的状态也非常不同，如氮、磷、硫等主要以有机物形式存在，镁、铁、铜、锌和钼等则以能与有机物形成络合物或复合物存在，钾则保持离子状态。不同的元素有不同的生理作用。

(1)对三要素的吸收　小麦对氮、磷、钾三要素的吸收，因各地气候、土壤、品种、栽培措施等条件不同而有较大差异。综合各地试验研究结果：①冬小麦，在中低产田(4500 kg/hm^2)，每生产 100 kg 小麦籽粒，约需吸收氮 2.8 kg、五氧化二磷 0.8 kg、氧化钾 2.9 kg，三者的比例为 3.2∶1∶3.5。在高产田(7500 kg/hm^2)，每生产 100 kg 小麦籽粒，约需吸收氮 2.8 kg、五氧化二磷 1.2 kg、氧化钾 4.3 kg，三者的比例为 2.3∶1∶3.6。②春小麦，在中产水平，每生产 100 kg 籽粒约需氮 2.5～3.0 kg、五氧化二磷 0.7～1.2 kg、氧化钾 3.0～4.2 kg，三者比例为 2.8∶1.3∶3.15。产量水平不同，生产 100 kg 籽粒所需要的三要素数量及比例略有差别。总的趋势是产量水平越低，每生产 100 kg 籽粒的需肥量越大；随着产量水平的提高，生产 100 kg 小麦的需肥量反而逐渐降低。随着小麦产量水平的提高，氮所占比例减少，钾逐渐增大。高产麦田应适当控制氮肥，增施钾肥。

(2)不同生育期的需肥特点　小麦吸收肥料总的趋势:前期植株小,吸肥量少;拔节后,生长加快,吸肥量增加;花后吸肥量又逐渐减少。但是随产量水平和施肥情况不同而有较大变化。小麦对氮的吸收有 2 个高峰:①在出苗到拔节(北方经历越冬期和返青期)阶段,吸收氮占总量的 40%左右,在中低产水平、冬前重施追肥的条件下,氮的吸收高峰常出现在返青至拔节期。②在拔节到孕穗开花阶段,吸收氮占总量的 30%～40%,在高产水平、重施基肥和起身肥的条件下,氮的吸收高峰则出现在拔节至孕穗期,开花后仍有少量的吸收。对磷、钾的吸收,在分蘖期吸收量约占总吸收量的 30%左右,到拔节以后吸收率急剧增长。钾的吸收以拔节到孕穗开花为最多,占总吸收量的 60%左右,到开花时吸收已达最大量。磷的吸收以孕穗到成熟期吸收最多,约占总吸收量的 40%左右。因此,在小麦苗期应有适量的氮素营养和一定的磷、钾肥促使幼苗早分蘖,早发根,培育壮苗。从拔节到开花期间,是小麦一生吸收营养最多的时期,需要多量的氮、钾营养,以巩固分蘖成穗,促进壮秆、增粒。抽穗扬花以后应保持良好的氮、磷营养,以延长上部叶片的功能期,促进光合产物的转化和运转,促进麦粒灌浆,增加粒重。

2. 小麦施肥量与肥料运筹

小麦的施肥量应根据小麦的吸肥量、产量水平、肥料种类、质量、土壤肥力、前茬、品种和气候条件等综合考虑。

(1)不同肥料当季利用率　小麦对不同肥料的当季吸收利用率有很大差别,速效氮素化肥的利用率可达 60%～70%,饼肥、人畜粪等当季利用率为 50%～60%,农家肥的利用率为 30%～40%,过磷酸钙有效磷的利用率在 15%～20%,钾素化肥的利用率为 50%～70%。

(2)不同土壤肥力基础　土壤肥力差,有机质含量低,必须施用较多数量的肥料,才能获得高产。前茬作物是玉米、高粱、甘薯等吸肥量大的作物,麦田施肥宜多些;前茬是豆科作物,土壤肥力消耗少,施肥量可少些;晚茬麦因播种迟,气温低,肥料分解慢,施肥量应比早茬口的多一些;水浇地的肥料利用率较旱地高些,施肥量可较旱地少些。

(3)不同区域气候条件　南方地区比较温暖多雨,肥料的利用率高于北方地区,要获得同等产量,北方地区施肥量应高于南方地区。

3. 小麦的施肥技术

麦田施肥做到：以地定产，以产定肥，配方施肥，基肥为主。增施有机肥，合理搭配施用氮、磷、钾化肥，适当补充微肥。一般有机肥及磷、钾化肥全部作底肥施用，氮素化肥60%左右底施，分蘖期和拔节期分别追施15%和25%。对于秸秆还田地块，要适当增加氮肥底施的用量，以解决秸秆腐烂与小麦生长争夺氮肥的矛盾。缺锌、锰和硼的地块，每公顷可增施硫酸锌、硫酸锰和硼肥各1.5 kg作底肥，也可作为拌种剂使用。

（三）小麦的需水特性和灌溉排水

1. 小麦的耗水量

小麦一生的总耗水量为3750～6000 m^3/hm^2，其中叶面蒸腾量占总耗水量的60%～70%，株间蒸发量占总耗水量的30%～40%。在小麦生育前期，由于苗小叶少，覆盖面较小，株间蒸发量大，叶面积蒸腾量小；随着麦苗的生长，叶面积逐渐增大，到麦株封行后，小麦的耗水量以叶面蒸腾为主。小麦耗水量的高低还受到气候、土壤、栽培条件等因素的影响。天气干旱，气温较高，湿度小，风速大时，耗水量就增多。增施有机肥料，增强了土壤的保水抗旱能力，相应提高了土壤水分的利用率。合理密植，中耕松土，加强灌溉管理，科学用水，也可以降低小麦的耗水量。

小麦的耗水量，总的趋势是以拔节和抽穗到成熟两个时期为最多，分别占小麦全生育期总耗水量的30%～35%和30%～41%。

小麦孕穗期是需水的临界期，如果缺水会影响性细胞的形成，不孕小穗和小花数增多，对产量影响很大。在麦粒灌浆期间缺水，会降低粒重。为了保证小麦正常生长发育，小麦各生育阶段的适宜土壤（0～20 cm）水分，一般从播种至出苗，以田间持水量的60%～70%，从分蘖到拔节为70%左右，拔节到抽穗为70%～80%，灌浆到成熟期间不低于70%为宜。

2. 麦田灌溉

我国北方冬麦区和春麦区，在小麦生育期间雨量较少，黄淮平原和长江上游麦区，也经常出现冬春干旱，须及时进行灌溉，以保证小麦正常生长发育。

(1)灌溉原则　小麦灌溉要掌握看天、看地、看苗的原则。①看天：就是看当时当地的天气变化，如天气干旱，气温高，蒸发量大，就要及时灌水；如遇大风天气，灌水易引起倒伏，应适当推迟灌溉。②看地：就是看土壤墒情、土质和地形、地势。如土壤水分低于小麦适宜生长水分的下限，就要进行灌水。保水力强的黏土地，灌水次数可少些，保水力差的沙土地和地下水位低的丘陵高岗地，灌水次数就要多些。③看苗：就是看麦苗所处的生育期，植株的外部形态和长势，群体的大小等，如群体大，长势旺，需要控制时，就不灌或少灌。

(2)灌水数量　麦田灌水不仅要适时，还必须适量。灌水量过大，不仅造成水分下渗流失，而且会破坏土壤结构，降低土温，不利小麦生长。北方麦区，小麦生长期灌溉定额，播种前灌底墒水和冬灌蓄水的灌水量在 750～900 m^3/hm^2，一般生育期间的灌水量多在 600 m^3/hm^2 左右。

(3)灌溉方法　小麦的灌溉方法有以下几种：①畦灌。是在麦田间隔一定宽度筑起一条土埂，引水入畦进行灌溉。我国北方旱地麦区多采用畦灌，畦的宽度根据播种机的播种幅宽而定，畦的长度根据地面坡度、土质、水流条件而定。为保证灌水质量，节约用水，要求畦面平整，横向高低相差不过 5 cm，纵向坡降不超过 3‰为宜。灌溉时要流量适宜，流量过大，水在畦内流动过快，容易发生上冲下淤，灌水不匀等现象；流量过小，水在畦面流动过慢，会出现畦首水过多畦尾灌不上水的现象。②沟灌。是灌水入厢沟内，借毛细管作用向厢内浸润。这种方法比畦灌省水，而且能避免土壤板结。南方麦区多用这种方法。沟灌灌水至沟深的 2/3 或 3/4，待厢面中间土壤湿润变色时即停止，并排除厢沟水。③喷灌。喷灌比地面灌溉具有省水、土壤表面板结轻等优点，但也有局限性，易受风力影响，在 4 级以上大风时，影响喷灌均匀度；喷灌水量小，一般表层土湿润，深层土湿润不够，难以抗御严重干旱。

3. 麦田排水

南方多雨麦区，在小麦生育期间雨水过多而且分布不均，常常发生湿害，造成严重减产。

(1)小麦湿害　是由于三水(即地面水、潜层水和地下水)综合影响的结果。麦田排水不良，地下水位高，毛管饱和区上升侵及根系密集层，使小麦根系长期处于缺氧环境，根系活力衰退，影响麦株正常吸收水分和养分。严重时土壤中产生大量还原物质，毒害根系，造成烂根死亡。小麦湿害在各个生育阶段都有发生：①苗期受湿害。次生根减少，初生根伸展受抑制，麦苗分蘖力弱，苗瘦、苗小、叶黄，造成僵苗。②拔节抽穗期受湿害。根系发育不良，根量少，扎根浅，活力衰退，植株黄叶增多，茎秆细弱，无效分蘖和退化小花增加，穗小粒少。③灌浆成熟阶段发生湿害。会造成根系早衰，根系不能从土壤中吸收到足够的水分，蒸腾量超过吸水量，破坏植株体内水分平衡，引起生理脱水，植株早枯，灌浆期缩短，麦粒瘦小，千粒重降低。

(2)防渍措施　麦田适宜地下水位在播种到出苗阶段为0.5 m左右，分蘖阶段为0.6～0.8 m，拔节至成熟阶段为1.0～1.2 m。为达到这个指标要求，根治湿害，须采取以下措施：①建好排水沟渠。平原湖区建设好干、支、斗排水工程，降低田外排水系统水位，冬季一般控制在地面下0.7～1.0 m，春季1.2～1.5 m。在丘陵地区的沟塘水位，也应按此标准予以控制。要全面解决“三水”危害，还必须搞好田间沟渠配套，做到明暗沟结合，内外沟相通，既能排除地面水、潜层水，又能降低地下水位。②开好田内“三沟”。麦田一套沟，从种管到收。麦田内“三沟 ”是指厢沟、腰沟和围沟，三沟配套，沟直底平，逐级加深，沟沟相通。

二、选用优良品种

选用小麦优良品种，必须根据品种特性、当地自然条件和生产水平，因地制宜。既要防止品种单一化，又要防止品种多、乱、杂，1个农业经营主体，选用1～2个品种，并要以1个品种为主，其他品种搭配种植，这样既可防止或减轻因自然灾害而造成的损失，又便于调节机械与劳动力安排农活，更重要的是提高商品小麦一致性和品质。

（一）掌握选用良种的要点

选用小麦良种时，要因地制宜，掌握好以下几个方面的要点：

1. 依据种植制度选品种

水田稻麦两熟种植地区，早茬口田块，应选用耐寒与耐湿性较强、适于早播的半冬性类型小麦品种；晚茬口宜选用春性、能耐迟播的早熟小麦品种。旱地小麦与玉米、高粱、谷子、甘薯等连作种植，应选用耐旱性较强的半冬性品种；麦棉连作田块，选用生育期相对较短的早熟小麦品种，以便早熟早收早腾茬，为棉花高产创造条件。

2. 根据自然条件选品种

小麦生产受到自然气候条件影响比较大，应因地制宜选用抗逆性比轻强的品种。如北方地区,冬季气温较低,冬春少雨,小麦生长中后期发生干旱、干热风及病虫害较多的地区,要选用耐寒、耐旱、早熟、抗锈病的品种。在南方地区,冬季气温较高,冻害发生较少,晚茬麦面积大,春后多雨,小麦生长后期病虫、渍害严重的地区,要选用较耐迟播、耐湿性强、抗赤霉病的春性或半冬偏春性品种。丘陵坡地土、肥、水条件差的地块,应选用耐旱、耐瘠的品种。

3. 根据当地肥力水平选品种

良种都是在一定肥力水平条件下发挥增产作用的。在施肥水平高的地区和田块,要选择耐肥抗倒的品种,以发挥其增产潜力;在土壤瘠薄、施肥水平低的地区和田块,则要选用适应性广且能耐瘠薄的品种,并随施肥水平的变化,不断调整品种的布局。

(二)选用优质高产的良种

1. 小麦品种的改良

我国在20世纪50年代初期,针对原有小麦品种混杂、秆软、不抗病、丰产潜力小的状况,开始在全国范围大力开展评选地方良种的工作,并有计划地加强小麦育种工作。到目前,全国累计选育审定小麦品种4000多个,加快了小麦生产良种的更新换代。20世纪50年代前期,地方品种占小麦播种面积的80%,杂交育种占15%,从国外引进品种占5%;自20世纪70年代中后期到80年代末,杂交育成品种占91%,地方农家品种占5%,国外引进品种占4%。随着小麦新品种的不断育成,并逐步扩大推广以更换原有品种,到2020年,全国各主要麦区,大体上已进行过7~8次较大规模的品种更新换代。

2. 小麦良种的推广

据全国农业技术推广服务中心调查统计,2020年全国农作物主要品种推广情况,冬、春小麦推广面积较大的品种分别为397个和53个。其中推广面积较大的冬小麦品种有25个,分别是百农207、济麦22、中麦895、山农28、百农4199、山农29、鲁原502、郑麦379、西农979、郑麦9023、烟农19、新麦26、新冬20号、烟农999、宁麦13、郑麦583、中麦175、小堰22、烟农1212、新东22号、西农511、衡4399、淮麦33、郑麦101、丰德存麦5号等。春小麦推广面积较多的品种有宁春4号、龙麦35、龙麦36、龙麦33、宁春15号、克春8号、高原437、内麦21、蒙麦22、陇春30号等。

3. 创高产的小麦新品种

近年来,全国开展了小麦高产创建活动,各小麦主产区都选用小麦新品种与集成的配套栽培技术,创建了一大批高产示范田,小麦单产由7500 kg/hm^2提高到13473.9 kg/hm^2。

(1)黄淮海麦区　2016年,山农28单产12853 kg/hm^2,烟农1212单产12428 kg/hm^2;2018年,存麦11单产12293 kg/hm^2;2019—2021年,单产超过12000 kg/hm^2的品种有山农30,烟农99,烟农1212,郑麦618,郑麦136,丰德存麦20号,淮麦33,涡麦9号,众信麦998,临麦9号,马兰1号,谷神麦19号,百农4199,郑麦1868。最高单产在河南省焦作市修武县王屯乡周流村,2021年用众信麦998创造了单产13473.9 kg/hm^2的最高纪录。

(2)长江流域麦区　2014年,湖北省襄阳市郑麦9023单产8144 kg/hm^2;2020年,湖北省襄阳市扶麦368单产9768 kg/hm^2,四川省江油市川麦104单产10947 kg/hm^2等。

【知识链接】

种质资源:根据《中华人民共和国种子法》,种质资源是指选育植物新品种的基础材料,包括各种植物的栽培种、野生种的繁殖材料以及利用上述繁殖材料人工创造的各种植物的遗传材料。

品种:根据《中华人民共和国种子法》,品种是指经过人工选育或者发现并经过改良,形态特征和生物学特性一致,遗传性状相对稳定的植物群体。

良种:是指用常规原种繁殖的第一代至第三代和杂交种达到良种质量标准的种子。良种是供大田生产使用的种子,是种子市场交易的种子,是主要商品化的种子。

良种有两层含义:一是优良品种;二是优良种子,即优良品种的优良种子。具体地说是指用常规种原种繁殖的种子,其纯度、净度、发芽率、水分4项指标均达到良种质量。

优良品种:是指能够比较充分利用自然、栽培环境中的有利条件,避免或减少不利因素的影响,并能有效解决生产中的一些特殊问题,表现为高产、稳产、优质、低消耗、抗逆性强、适应性好,在生产上有较高的推广利用价值,能获得较好的经济效益,深受群众欢迎的品种。

优良品种是相对的，任何一个品种不可能满足所有地区的气候和生产条件；同时，任何一个品种都有缺点和不足。因此，优良品种必须是：①适应当地气候条件，如温度、降水、光照等；②适应当地生产条件，如土质、地力、灌溉条件等；③有配套的栽培技术支撑，如播期、播量、肥水使用时间、数量，主要病虫害防治对象等。

优良品种一般都具有地区性和时间性。随着耕作条件和生态条件的变化，以及经济的发展和人们生活水平的提高，对品种的要求也会提高，所以必须不断地选育新品种，更新原有的品种。优良品种具有 3 个基本特性：①特异性，是指一个植物品种有一个以上性状明显区别于已知品种；②一致性，是指一个植物品种的特性除可预期的自然变异外，群体内个体间相关的特征或者特性表现一致；③稳定性，是指一个植物品种经过反复繁殖后或者在特定繁殖周期结束时，其主要性状保持不变。

三、适期精细播种

高标准、高质量完成播种作业，是获得小麦高产的基础。播种好的标准应该是确保苗全、苗匀、苗齐、苗壮，并为群体合理发展和最后丰产打好基础。除了精细整地、科学施肥、足墒播种外，在播种技术上要十分重视精选和处理好种子，适期播种，确定适宜播种量，选用适宜的播种方式和保证播种质量。

（一）种子处理

通过晒种、选种、药剂拌种或种子包衣等措施，提高种子质量，以利苗全苗壮。

1. 晒种

晒种可促进种子后熟，提高生命力和发芽率。晒种后种皮干燥，透气性改善，播种后吸水膨胀快，酶的活动加强，有利于种子发芽和出苗，使出苗快而整齐。一般要在播种前 5～7 d，将麦种摊晒 2 d，注意不要在水泥地上晒种，以免烫伤种子。

2. 精选种子

晒干的种子先进行风选和筛选，选出粒大饱满、整齐一致、无杂质、无病虫的籽粒作种，以保证种子营养充足，播种后出苗快、出苗整齐，根系发育好，分蘖早生快发，有利于培育壮苗。

3. 药剂拌种

小麦播种期是防治病虫害的关键时期，要根据当地常发病虫害进行药剂拌种或用种衣剂包衣。对锈病、黑穗病发生区域，可选用多菌灵等杀菌剂拌种；地下害虫蝼蛄、蛴螬、金针虫等为害的地方，可用杀虫剂拌种。做到随拌随播，当天拌种当天播完。

（二）适期播种

小麦适期播种，可以充分利用热量资源，培育壮苗，形成健壮的大分蘖和发达的根系，制造和积累较多的养分，增强抗逆力，为提高成穗率、培育壮秆大穗奠定基础。这是小麦大面积均衡增产的重要措施。确定适宜播种期的依据如下：

1. 依据冬前壮苗确定播种期

小麦冬前壮苗的标准是主茎生长 6 片叶，苗高 20 cm，单株分蘖 2～4 个，次生根 5～8 条。播种至出苗一般需要积温 120 ℃，冬前主茎每长一片叶平均需要积温 75 ℃。冬前壮苗主茎生长 6 片叶，需要积温 120 ℃＋450 ℃＝570 ℃，根据当地气象资料即可确定适宜播种期。目前小麦生产上，多采取主茎和分蘖成穗并重的栽培途径，使冬前主茎叶达到 6 片，容易获得高产；冬前主茎叶达到 7 片以上时，易形成旺苗，不利于培育壮苗和安全越冬。

2. 依据气温确定播种期

气温是决定播种期的主要因素，我国幅员广阔，各地区的冬小麦播种适期有很大差异，并且由北向南逐渐推迟。实践证明，冬性品种播种适期，一般以日平均温度为 16～18 ℃，弱冬性品种为 14～16 ℃，春性品种为 12～14 ℃为宜。具体确定冬小麦适期播种时，还要考虑麦田肥力水平、病虫害情况以及安全越冬等。

3. 根据品种特性确定播种期

一般冬性小麦品种宜适当早播，弱冬性品种可适当迟播。北方麦区应用冬性品种，一般要求越冬前单株具有 3～4 个分蘖；长江中下游麦区应用半冬性品种，要求冬前单株有 2～3 个分蘖；华南麦区冬季气温较高，但有时在小麦性细胞形成期到抽穗开花期，遇到晚霜冻害，或在灌浆成熟期遇到雨季，播种适期应避开霜冻和雨季来确定。

4. 春小麦适宜播种期

我国春小麦区主要分布在高纬度、高海拔地区。这些地区春季温度回升时间较晚，进入分蘖期，温度又上升很快，从分蘖到拔节时间较短；并且不少地区风大，土壤容易失墒干旱；有些地区地势低洼，化冻后土壤泥泞，不利播种；有些地区后期还有干热风及阴雨危害。这些情况都决定了春小麦应当争取早春播，以日平均气温稳定在0～2 ℃，表土化冻达到适宜播深时播种为宜。

（三）适量用种

确定合理的播种量，可以获得适宜的基本苗数，是建立合理的群体结构，处理好群体与个体矛盾，协调小麦生长发育与环境条件关系的重要环节。

1. 掌握的原则

（1）根据品种特性　主要是分蘖力强与弱，分蘖成穗率的高低和适宜的单位面积穗数的多少，分蘖力强、成穗率高的品种，播种量可适当降低，反之则可适量增加。

（2）播种期的早迟　适期播种，单株的分蘖数和成穗数多，播种量和基本苗可少些，随着播期的推迟，可适当增加播种量，一般在适期播种范围以后，每迟播1 d，每公顷播种量可增加5～6 kg。可根据播期早晚、水肥条件等综合因素，确定适宜的用种量。

（3）肥水条件　地力基础较高，肥水充足的麦田，小麦分蘖及单株成穗数较多，播种量宜少些；反之宜适当增加播种量。

（4）高产途径　精播栽培，以分蘖成穗为主夺高产，播期偏早，基本苗宜少，一般为230万苗/hm^2左右；常规栽培，播期适宜，主茎与分蘖成穗并重，基本苗数为300万/hm^2左右。

2. 播种量的计算

根据种子的籽粒大小、发芽率和发芽势、整地质量和土壤墒情估计田间出苗率等，可计算出播种量：

播种量（kg/hm^2）=［每公顷计划基本苗数×种子千粒重（g）］÷（1000×1000×种子发芽率×田间出苗率）

（四）播种方式

我国小麦播种方式比较多，有条播、撒播、穴播和点播等。

1. 条播

条播是目前生产上应用最多的一种，又分为窄行条播、宽窄行条播、宽幅条播等。窄行条播大多采用机播，少量采用楼播，行距 13～23 cm。此方式行距较小，单株营养面积均匀，植株生长健壮整齐。宽窄行条播由 1 个宽行、1～3 个窄行相配置，宽行行距 25～30 cm，窄行行距 10～20 cm，此方式田间通风透光条件好，常在高产田和麦田套种采用。宽幅条播，一般播幅宽 10～15 cm，幅距 25～30 cm。

2. 撒播

主要在长江中下游稻麦两熟和三熟地区采用，将麦种撒匀即可。这种方式可按时播种，节省用工，苗期个体分布均匀，但后期通风透光较差，麦田管理不便。

3. 穴播

主要应用于北方丘陵干旱地区和南方土壤黏重地区。穴距、行距根据土壤地力、品种、播期决定，播种穴深 5～6 cm。

(五)提高播种质量

对小麦播种质量的具体要求是：厢(垄)正行直、沟直底平、落籽均匀、播深适宜、深浅一致、盖严压实。

1. 播种深度

小麦的适宜播种深度，因各地气候条件、土质、墒情等不同而有差异。播种深度应从防旱、防寒和促进早发苗、培育壮苗方面考虑。北方冬麦区，秋旱冬冷，墒情不足的地区，多为冬性或半冬性品种，播种可适当深些，以 3～5 cm 为宜；南方麦区气候温暖，多为春性品种，在土壤湿度较高的情况下，宜适当浅播，一般播深 2～3 cm。

2. 播后管理

(1)播种后镇压　可消除露籽，使种子与土壤密接，有利于种子吸水萌发，提高成苗率和早苗率。大型机械播后镇压尤为重要。

(2)喷施除草剂　根据当地杂草类型，选用适宜的除草剂，兑足水量，进行地面喷施，防除苗期杂草。

(3)抗旱排渍　播种遇到干旱，土壤水分低于田间持水量的 60%时，应及时顺厢沟浇水，切忌大水漫灌；播种后遇连阴雨，应及时清沟排水，防止渍害。

（4）查苗补种　出苗期发现缺苗断垄，应立即催芽补种，以保证苗全。

【知识链接】

小麦全程机械化生产技术规程（DB 4114/T 163—2021）

1. 范围

本文件规定了小麦全程机械化生产技术的术语和定义、整地、播种、田间管理、收获。

2. 规范性引用文件

下列文件中的内容通过文中的规范性引用而构成本文件必不可少的条款。其中，注日期的引用文件，仅该日期对应的版本适用于本文件；不注日期的引用文件，其最新版本（包括所有的修改单）适用于本文件。

GB 4404.1　粮食作物种子　第1部分：禾谷类

GB/T 8321　（所有部分）农药合理使用准则

GB 10395.1　农林机械　安全　第1部分：总则

GB 16151.12　农业机械运行安全技术条件　第12部分：谷物联合收割机

NY/T 496　肥料合理使用准则　通则

NY/T 499　旋耕机　作业质量

NY/T 500　秸秆粉碎还田机　作业质量

NY/T 739　谷物播种机械　作业质量

NY/T 741　深松、耙茬机械　作业质量

NY/T 995　谷物（小麦）联合收获机械　作业质量

NY/T 1003　施肥机械质量评价技术规范

JB/T 6274.1　谷物播种机　第1部分：技术条件

JB/T 7730　种子包衣机

3. 术语和定义

下列术语和定义适用于本文件。

3.1 土壤深松

通过拖拉机牵引深松机具，疏松土壤，打破犁底层，改善耕层结构，增强土壤蓄水保墒和抗旱排涝能力的一项耕作技术。

4. 机械整地

4.1 秸秆处理

前茬作物收获后，用秸秆还田机进行秸秆处理。作业质量应符合 NY/T 500 的规定。

4.2 施基肥

用全幅施肥机或气力式宽幅撒肥机将基肥撒施地表。施肥机械应符合 NY/T 1003 的规定。肥料使用应符合 NY/T 496 的规定。

4.3 深松

旋耕作业地块，间隔 3～4 年深松 1 次，选用动力机械配套深松机械完成农田深松作业。作业质量应符合 NY/T 741 的规定。

4.4 深耕

旋耕作业地块，间隔 3～5 年深耕 1 次，选用动力机械配套深耕机械进行深耕作业，耕深≥25 cm。

4.5 旋耕整地

旋耕深度≥12 cm。旋耕质量应符合 NY/T 499 的规定。

5. 种子处理

根据病虫害情况，选择包衣剂进行种子包衣。种子包衣机应符合 JB/T 7730 的规定。种子质量应符合 GB 4404.1 的规定。

6. 机械播种

采用等行距播种或宽窄行播种。播种前对机械进行调整，等行距播种深度 3～5 cm，行距 18～23 cm；宽窄行播种，宽行行距 26 cm，窄行行距 12 cm。播种机械应符合 JB/T 6274.1 的规定，播种作业质量应符合 NY/T 739 的规定。

7. 田间管理

7.1 化学除草

冬前或早春，当最高气温≥10 ℃、日平均温度≥5 ℃时，用自走式喷杆喷雾机喷洒除草剂。喷雾机应符合 GB 10395.1 的规定。农药使用应符合 GB/T 8321 的规定。

7.2　追肥

根据小麦长势长相在返青期或拔节期机械追肥，追施纯氮 75～120 kg/hm²。肥料使用应符合 NY/T 496 的规定。

7.3　病虫害防治

7.3.1　返青期

用自走式喷杆喷雾机进行小麦蚜虫、红蜘蛛、纹枯病等病虫害防治。

7.3.2　扬花期

用植保无人机防治小麦赤霉病、锈病、蚜虫等病虫害。

7.3.3　灌浆期

用植保无人机防治小麦条锈病、白粉病、穗蚜等病虫害。

8. 机械收获

8.1　收获时期

在小麦蜡熟末期进行机械收获。

8.2　收获作业质量

用小麦联合收割机作业。收割机械及作业安全技术应符合 GB 10395.1、GB 16151.1 的规定。作业质量应符合 NY/T 995 的规定。

8.3　秸秆处理

联合收割机自带有秸秆粉碎及抛撒装置，秸秆可直接还田，也可用小麦秸秆打捆机回收利用。

四、加强麦田管理

麦田管理的中心任务主要有 3 项：①满足小麦对肥水等条件的要求，保证植株良好生长发育；②不断调节个体与群体向栽培预定的目标发展；③积极防控自然灾害和病虫草害，保证小麦正常生长。根据小麦生长发育过程，田间管理可划分为苗期管理（前期）、拔节孕穗期管理（中期）和抽穗结实期管理（后期）3 个阶段。田间管理所采用的技术措施主要是查苗补缺、追肥、灌溉、排水防渍、中耕、除草、防抗灾害等。

(一)苗期管理

苗期一般指小麦出苗到拔节前。秋播小麦苗期较长,在明显越冬的北方麦区,冬季气温低,在越冬期间小麦基本停止生长;长江中下游麦区,小麦在越冬期间只有当日平均温度低于 0 ℃时才基本停止生长,一般在 0 ℃以上回暖的气候下,叶片和分蘖仍能缓慢生长;长江上游和华南麦区,冬季气温较高,小麦继续生长,在年前就进入分蘖高峰期,广东、广西、福建秋冬播小麦,在 1 月份即进入拔节期。无论冬、春小麦,起身期一般幼穗分化都处于二棱末期至护颖分化期。

1. 主攻目标

幼苗阶段,主要是生长根、叶、蘖等营养器官,是为中、后期健壮生长奠定基础的时期,也是决定穗数和每穗小穗数的关键时期。主攻目标是在全苗、匀苗的基础上,力促早分蘖、早生根,达到蘖足、苗壮、根系发达、安全越冬,为穗多、穗大打好基础。

2. 苗情长势长相

(1)壮苗　是小麦高产的基础。一般壮苗的叶片宽厚,长短适中,叶色葱绿,早期分蘖,次生根与叶片的出生符合同伸关系。不同地区对壮苗指标的要求均不相同,如长江中下游麦区,一般大田的壮苗要求:春性品种越冬时单株分蘖 2~3 个,次生根 4~6 条,群体茎蘖数 800 万~900 万个/hm^2;半冬性品种越冬时,单株分蘖 3~4 个,次生根 6~8 条,群体茎蘖数 1000 万~1200 万个/hm^2;晚茬麦带 1 个左右壮蘖越冬,群体总茎蘖数 600 万~700 万个/hm^2。北方高产麦田,一般大穗型品种,每公顷基本苗 230 万~270 万个,越冬始期群体茎蘖数达到 900 万个左右,越冬期达到 1100 万~1200 万个。

(2)弱苗　生长细弱,冬前分蘖少,甚至没有分蘖,叶片窄小,叶薄色淡,出叶迟缓,根系发育不良,抗寒力差。形成原因是整地粗放,土块过大,麦苗根系架空,扎根差,氮肥不足,土壤干旱,或播种量过大,播种过晚等,均会形成弱苗。

(3)旺苗　生长过度,叶片肥阔,叶色深绿、叶形披垂,分蘖过多,叶面积指数过大,封行过早,越冬时总茎蘖就达 1500 万个/hm^2左右。主要是由于播种过早,播种量过多和氮肥施用不当等,均会造成旺苗。

3. 田间管理措施

围绕培育壮苗,早施促苗肥,抗旱排渍,控制旺苗,防治病虫草害。

(1)早施苗肥　小麦幼苗初期对养分的反应十分敏感,二叶期就受土壤养分的影响,三叶期开始分蘖,春性品种开始分化幼穗,如果土壤缺乏速效养分,麦苗的第四、五叶狭小,分蘖迟缓。因此,应早施速效肥,以促分蘖早生快长,增加有效分蘖,延长穗轴节片原基分化过程,增加小穗分化数目,为高产打好基础。①华南和长江上游麦区,小麦多为春性品种,分蘖期短,幼穗分化开始早,分化时间短,宜在三叶期前重施苗肥。②长江中下游麦区,小麦品种属半冬性和春性,尤其是晚茬麦和基肥不足的早茬麦田,应在二、三叶期追施苗肥。③北方麦区以及有明显越冬期的地方,既要早施苗肥,又要追施腊肥。苗肥追施速效氮肥,每公顷施尿素 75～90 kg,腊肥施用有机肥、土杂肥。

(2)适时冬灌　北方麦区以及南方麦区出现冬季干旱时,要适时抗旱浇水。冬灌要根据气象条件和土壤水分状况,在耕作层土壤含水量低于田间持水量的60%时进行。把握瘦地弱苗早灌,肥地壮苗迟灌,冬灌时间一般在夜冻日消,日平均温度为 3～4 ℃为宜。灌水过早,气温高,地面蒸发量大,减弱了灌水蓄墒保温的作用,同时还会造成麦苗生长过旺,发生冻害;冬灌过晚,土壤冻结,水分难下渗,地面结冰,易死苗。冬灌宜采用小畦细水、顺厢沟窜灌的方法,做到田间不积水,以免土壤板结。地面不平或晚播弱苗(3 叶期前)麦田不宜冬灌。

(3)防控旺长　秋末至冬初,麦苗生长 5 片叶,就要进行防控旺长。①镇压。用石磙或铁磙对麦田进行顺时针磙压,可抑制麦苗地上部旺长,促进根系生长,控制主茎生长,促进分蘖早生快发。可缩短基部第一、二节间长度,使茎秆粗壮,增强抗倒能力。同时镇压还可以压碎土块,压实畦面、弥合土缝、使麦根扎实,防冻保苗,有利于土壤保水、保肥,保温促使麦苗生长健壮。镇压的次数视苗情而定,壮苗可镇压 1 次,旺苗镇压 2～3 次。镇压时要注意土壤条件,土壤过湿不压,叶片表面有露水时不压,盐碱土不压,以免引起返盐。②化调。喷施多效唑,在麦苗 5～6 叶期,用 15%可湿性粉剂 100 g 兑水 40 kg,均匀喷雾,旺苗可间隔 10～15 d 喷 2 次。

(4)中耕除草　①中耕。通过中耕改善小麦生长环境,具有防除农田杂草,疏松土壤,减少地面水分蒸发量,促进养分释放,提高地温,利于根系和分蘖生长等多重效果。旺苗可适当深锄,损伤部分根系,起到蹲苗、控制无效分蘖的作用;小弱苗宜浅锄,以免伤根或埋苗。②除草。条播麦田,机械或人工中耕,是绿色防控麦田杂草的有效措施。撒播麦田在麦苗 3～5 叶期、杂草 2～4 叶期、气温 5 ℃以上时，是冬前化学除草的关键时期，此时杂草处于幼苗期，耐药性差，防除效果好。无论冬前或是春季，都宜在土壤湿润、晴天 9—15 时用药，气温较高、光照充足，可增强杂草吸收药剂的能力，但用药液量要足。冬前每公顷用水量 450～600 kg，春季 600～750 kg，春季杂草草龄大，要适当增加用药量。忌盲目将除草剂与杀虫剂、杀菌剂混用，以免影响药效和产生药害。

(5)清理“三沟” 在南方麦区及雨水较多的地区，实行田内开沟种麦的田块，在秋末和冬季，应全面清理麦田厢沟、腰沟和围沟，确保排水或灌溉通畅。清沟的碎土均匀撒在厢面上，可培壅麦根，填弥土缝，提高地温，保护小麦分蘖节。

(二)拔节孕穗期管理

1. 生长特点

拔节孕穗阶段是小麦一生中生长发育最旺盛时期，是根、茎、叶等营养器官和小穗、小花等结实器官生长与建成期。此时干物质的积累占一生总干物质重的 50%左右。小麦拔节以后无效分蘖相继死亡，次生根增加减慢。北方冬麦区，一般当春季气温达到 3～5 ℃时，幼穗分化进入伸长期；南方麦区在冬前，一般已进入伸长期；当气温上升到 9～12 ℃时，基部节间就开始缓慢伸长，幼穗分化进入二棱末期到护颖分化期，这一阶段是决定有效穗数、每穗小穗数的关键时期；气温上升到 18～20 ℃时即进入抽穗开花期。

2. 主攻目标

促控结合，协调群体与个体，营养生长与生殖生长的矛盾，培育壮秆、巩固分蘖成穗，增加小花分化数，减少小花退化数，提高可孕花数，争取穗大、粒多、壮秆不倒。正常长相是叶片挺直，大小适中，叶尖略扭曲，叶色出现褪淡，茎基部粗壮。

3. 田间管理措施

主要是追肥、控旺、灌溉与防渍、防治病虫害等。

(1)适时追肥 根据麦田肥力、苗情长势情况，适时追肥。①巧施返青肥。北方冬麦区，冬前施肥量少、肥力差、分蘖不足、麦苗返青迟缓的麦田，适量早施返青肥，增穗、增产效果比较好；壮苗田块不宜施返青肥。②施好拔节孕穗肥。拔节孕穗肥是指从拔节到剑叶露尖期间施用的肥料。追肥可使较多的光合产物向幼穗输送。拔节肥的施用时间,应在群体叶色褪淡、分蘖数已经下降、基部第一节间长度 2 cm 时施用。如拔节时麦苗叶色浓绿,叶片披垂,群体大,无效分蘖不死亡,是旺长的表现,就不能追施拔节肥,应推迟到叶色出现褪淡时再施;叶色一直不转淡,就不施肥。如叶色落黄过早,叶片窄,是脱肥表现,要早施肥,适当增加用肥量。一般拔节肥的施用量为尿素 150～180 kg/hm^2。剑叶露尖时,如叶色转淡,有早衰现象,可补施孕穗肥,施尿素 80 kg/hm^2。③优质麦施肥。中、强筋小麦应适当重施拔节孕穗肥,有利于提升麦粒蛋白质和面筋含量;弱筋小麦应控制拔节肥的用量,以总施氮量的 15%左右为宜,并不迟于倒 3 叶期施用,防止麦粒蛋白质和面筋的提升。

(2)调控旺苗　①镇压。北方冬麦区,在麦苗返青期对旺苗和壮苗,除控制水肥外,还可采取镇压,可使主茎和大分蘖生长受到暂时抑制,基部节间粗壮、缩短,降低株高,还可加速两极分化,成穗整齐,有明显的抗倒、增产效果。②化调。南方麦区以及已经拔节的麦田,可喷施多效唑、缩节胺、芸薹素内酯等植物生长调节剂。

(3)春灌和防渍　春后随着气温升高,麦株生长加速,需水量逐渐增多,从拔节到抽穗期,是小麦一生需水量最多的时期。此时土壤水分以保持田间持水量 70%～80%为适宜。拔节期缺水,会使上部叶片变小,小穗和小花退化数量增加,穗粒数减少;孕穗期缺水,后期叶功能减弱,影响性细胞的形成,花粉粒发育不正常,不孕小花增多。因此在春旱地区应及时灌水。在南方地区,春季雨水多,要做好清沟排渍,降低地下水位,养根护叶防早衰。

(4)防治病虫害　小麦返青至拔节前,主要防治小麦纹枯病;孕穗至抽穗前,主要防治白粉病、条锈病、麦圆蜘蛛、蚜虫、吸浆虫,并监控赤霉病的发生。

(5)预防倒伏　小麦倒伏有根倒伏和茎倒伏两种,倒伏的原因除大风雨和品种特性外,栽培措施不当关系较大。根倒伏是由耕作层浅,土壤结构不良,播种太浅或因土壤水分过多,根系发育不良所造成。茎倒伏是由于氮肥施用过多,追肥时间不当,或密度过大,通风透光不良,以致茎基部节间柔软所致。预防倒伏的根本措施,是选用抗倒能力强的品种,提高整地和播种质量,合理安排基本苗数,采取促控结合,合理运筹肥水,创造合理的群体结构。如发现麦苗有徒长倒伏趋势时,可采用深中耕和镇压控制,喷施矮壮素,抑制植株细胞的伸长,能使节间缩短,植株变矮,茎秆变粗,叶片缩短、加宽,叶色变深,并能促进根系发育。矮壮素的施用剂量，一般喷药浓度为0.25%～0.1%，剂量太高会产生延迟抽穗，穗子变小等不良影响。喷施时间为分蘖末期到拔节前。

（三）抽穗结实期管理

小麦抽穗后，根、茎、叶的生长基本停止，进入以生殖生长为主阶段，主要目标是养根保叶，防止早衰和贪青，抗灾防病虫害，延长上部叶片的功能期，保持较高的光合速率，增加粒重，达到丰产的目的。田间管理着重抓好以下几项措施：

1. 排水降湿与灌溉

对土壤干旱的麦田，要灌溉补充水分，预防后期干热风；对降水量多的地区，要进行排水降湿。

（1）北方麦区灌溉　北方麦区小麦生育后期降水偏少，甚至有干热风危害，需合理灌溉，保持土壤含水量为田间持水量的70%～75%。后期灌水主要在于防止早衰，保持叶片光合强度，有利于糖类的合成和运转，对促进籽粒充分灌浆，增加粒重有显著作用。后期灌溉不宜太晚，灌水时应注意天气变化，掌握小水轻浇，速灌速排，畦面不积水，干热风到来之前灌好水，有风不灌，雨前停灌，避免灌后遇雨造成倒伏。

（2）南方麦区排渍　南方麦区大部分地区小麦生育后期降水量严重超过了小麦生理需水量，土壤水分饱和，麦田湿度过大，加上这一时期温度较高，高温高湿的环境也加重了病害。因此，要加强疏通排水沟，做到沟底不积水，降低土壤湿度，防止受渍造成根系早衰。

2. 根外追肥

通过根外追肥补充小麦后期生长所需的营养。小麦抽穗开花至成熟期仍需吸收一定的氮、磷营养，灌浆初期使用磷酸二氢钾、尿素混合喷施，可延长后期叶片的功能，提高光合速率，促进籽粒灌浆增加粒重，并提高籽粒蛋白质含量。磷酸二氢钾浓度为0.2%～0.3%，尿素浓度为1.0%～2.0%，溶液用量为750 kg/hm^2左右。

3. 防治病虫害

小麦生育后期是白粉病、锈病、赤霉病、黏虫、蚜虫大量发生的时期，对小麦粒重和产量影响很大，在选用抗病虫品种、田间开沟排水、降湿等农业综合措施的基础上，还必须加强病虫害预测预报，及时采取药剂防治措施。

五、小麦灾害的防御

(一)干旱防御

1. 干旱时期

(1)播种出苗期干旱　播种期遇干旱,土壤水分在田间持水量的60%以下时,种子不能吸足水分,出苗率低,出苗后麦苗发根少、出叶速度慢、分蘖迟迟不发,且出现缺位蘖,严重时甚至会死苗。

(2)冬季干旱　有些干旱地区冻土层达5 cm时,对小麦影响严重,根颈明显脱水皱缩;冻土层达8 cm时,分蘖节已严重脱水受伤,甚至可能死亡。

(3)春季干旱　土壤水分含量小于田间持水量的65%时,分蘖成穗率明显降低;抽穗开花期土壤水分含量小于田间持水量的70%时,结实率降低。

(4)初夏干旱　小麦开始灌浆结实,缺水使部分籽粒退化,光合产物减少;后期严重干旱,可造成早衰逼熟。

2. 干旱防御

(1)增强干旱天气的监测和预报能力,并做到中长期预报与短期预报相结合。

(2)增施有机肥,增加土壤蓄水保水能力。

(3)选用抗旱性较强的品种。

(4)播种前浇足底墒水,播种后灌溉,防御播种出苗时的干旱。

(5)适时浇好防冻水,可防御冬旱。

(6)培育冬前壮苗,使根系强壮深扎,提高利用深层土壤水分的能力;合理灌拔节水和孕穗水,可防御春旱。

(7)合理使用化学抗旱剂,播种时可用保水剂拌种,生长旺盛期可向叶面喷施化学抗旱剂,减少叶面蒸腾,防御初夏干旱。

3. 干旱后补救措施

(1)播种出苗期受旱后,对勉强出苗的可适当进行镇压提墒,然后灌溉,促进出苗。

(2)冬旱引起小麦田的干土层达3 cm时,可选回暖白天早浇水,没有灌溉条件的,尽量压麦提墒。

(3)春季后缺水严重的麦田，以小水沟灌至土壤湿润为度，浸水时间不宜过长。

(二)渍害防御

1. 渍害识别

(1)苗期渍害症状　叶尖黄化或淡褐色，根系伸长受阻，分蘖力弱，植株瘦小，易形成僵苗。

(2)拔节孕穗期渍害症状　茎、叶黄化或枯死，根系出现暗褐色污斑，茎秆细弱，成穗率低，穗小粒少。

(3)灌浆结实期渍害症状　剑叶提前枯死，根系早衰，灌浆期短，粒重降低。

2. 渍害预防与补救

(1)建立良好的麦田排水系统　麦田内、外排水沟渠配套，田内采用明沟与暗沟相结合，及时疏通各条排水沟，做到雨停田内无积水。

(2)选用耐渍小麦品种　选用耐渍品种可在一定程度上减轻渍害的损失。

(3)改革耕作措施　改良耕作制度，避免水旱田交叉，实行连片种植；加深耕作层，打破犁底层；增施有机肥，增加土壤的通透性；培育壮苗，建立合理的群体结构，合理施肥等栽培措施，可提高小麦耐渍能力。

(三)冻害防御

1. 冻害识别

根据小麦的冻害程度和气温的变化情况，将冻害分为以下几种类型：

(1)初冬温度骤降型　在小麦刚进入越冬期，日平均气温降至 0 ℃以下，最低气温降到－10 ℃，麦苗因未经抗寒锻炼，叶片迅速青枯，早播旺苗可冻伤幼穗生长锥。

(2)冬季严寒型　冬季麦田 3 cm 深处地温降至－25～－15 ℃时发生的冻害。小麦分蘖节处在冷暖骤变的上层土壤中，致使小麦严重死苗、死蘖，甚至导致地上部严重枯萎，成片死苗。

(3)越冬冻融交替型　小麦进入越冬期后，虽有较强的抗寒能力，一旦出现回暖天气，土壤解冻，幼苗又开始缓慢生长，抗寒性减弱。若遇大幅降温，降至－15～－13 ℃时，就会发生严重的冻害。

(4)倒春寒融冻型　小麦返青至拔节后，抗寒性明显下降，再遇强冷空气易受冻害,有时比冬季冻害更为严重。

2. 冻害预防

(1)选用抗寒性强的品种 这是防御小麦冻害最省力和最节约的措施。

(2)适时播种 根据不同品种,选择适当播种期,注意当地的中长期天气预报,暖冬年份适当推迟播种。

(3)培育壮苗越冬 把握好小麦的播种量和播种深度,使小麦出苗整齐、苗壮,群体与个体生长协调,有利于培育壮苗,减轻冻害的危害。

3. 冻后补救措施

(1)冬旱麦田 及早补浇水或压苗提墒,使分蘖节吸收水分恢复膨压。

(2)受冻旺苗 对受冻旺苗,在返青初期用耙子搂去枯叶,可减轻冻枯叶鞘对心叶的束缚,使麦苗新叶见光,有利于恢复生长。

(3)受冻弱苗 撒施有机肥,保护分蘖节不受冻害;待地温明显提高、新根长出时,浇水、施肥,促进恢复生长。

(4)年前拔节的麦苗 土壤解冻后,应抓紧晴天进行镇压,控制地上部生长,并加施土杂肥,保护分蘖节和幼穗。

(四)干热风防御

小麦干热风是指小麦生育后期,由于高温低湿并伴随大风,使小麦植株受害的一种气象灾害。干热风主要出现在小麦的扬花灌浆阶段,以出现在小麦乳熟灌浆阶段的危害最重。

1. 干热风的类型

根据气象要素对小麦的影响和危害不同,可将干热风分为 3 种类型。

(1)高温低湿型 在小麦的开花灌浆过程中发生。这类干热风发生时温度猛升,空气湿度剧降,最高气温在 32 ℃以上,相对湿度可降至 20%以下,风力在 4m/s 以上,有时这种干热风可连续多日发生,造成灾害更加严重。

(2)雨后热枯型 这类干热风一般发生在乳熟期,其特征是雨后猛晴、温度骤升、湿度剧降。有时长期连阴雨后,出现上述高温低湿天气,造成小麦植株青枯死亡。雨后气温回升越快,温度越高,青枯发生越早,危害越重。由于前期湿度较大,这种干热风不太容易引起重视,有时造成的危害更加严重。

(3)旱风型 这类干热风又称热风型,主要发生在西北地区的多风区域,在干旱年份出现较多，其特点是风速大、大风与一定的高温低湿相结合。它对小麦的危害除了与高温低湿型相同外，大风还加强了大气的干燥程度，加剧了农田蒸发和叶片蒸腾强度，麦叶卷缩呈绳状，叶片撕裂破碎。

2. 干热风害识别

受干热风危害，初始阶段表现为旗叶凋萎，严重凋萎 1～2 d 后逐渐青枯变脆。初始麦芒尖白而干，继而渐渐张开，即出现炸芒现象。由于水分供求失调，穗部脱水青枯，继而变成无光泽的灰色，籽粒萎蔫尚有绿色，籽粒呈现本色，秕瘦且无光泽，灌浆过程缩短，千粒重明显下降，迫使小麦提前成熟，品质降低，并影响出粉率。

3. 干热风预防

(1)合理选用品种　在干热风害经常出现的麦区，应注意选择抗逆性强的早熟品种；或选用抗热、抗旱和抗干热风的品种。

(2)适时灌溉　在干热风发生前及时灌水，可使地表温度降低，小麦株间湿度增加，从而达到预防或减轻干热风的危害。要防止在炎热天气的中午灌水和大水漫灌，以免根系窒息死亡，更不要在有干热风的情况下灌水。

(3)叶面喷施调节剂　可喷施抗旱剂、磷酸二氢钾、芸薹素内酯等，可起到调节小麦植株新陈代谢、增强活力和抗逆性的作用。

六、小麦收获与贮藏

小麦收获包括收获、清选、干燥与贮藏等环节。

(一)适时收获

因品种特性(落粒性)、天气、收割工具等不同，小麦适宜收获期也有所不同。小麦收获适期是在蜡熟末期，蜡熟粒达 80%以上，此时麦粒干物质积累达最大值，不仅千粒重高，而且品质好，淀粉和蛋白质含量最高。平原丘陵地区用联合收割机收获时，宜在完熟初期进行，过早收获则籽粒含水量高，脱粒过程中机械易损伤麦粒和脱粒不净，过晚则会因掉穗、掉粒等造成损失。山区及小块麦地采用人工带秆收获的，小麦茎叶内贮存的有机养分还可以继续向籽粒输送，可在蜡熟末期收割，割后至脱粒有一段后熟时间。作种子用的麦田以完熟初期(完熟籽粒 40%左右)收获为宜。南方麦区在小麦收获期常有阴雨，往往造成种子在穗上发芽，必须抢晴天适期早收获。

（二）安全贮藏

收获脱粒后的种子应晒干扬净，待籽粒含水量降到13%以下时才能进仓贮藏。一般在阳光下暴晒趁热进仓，能促进麦粒的生理后熟。

小麦种子含水量不超过12.5%，进行散堆密闭贮藏，防止吸湿，一般可安全过夏；种子含水量为13.0%，温度达30 ℃，发芽率即有降低的现象；含水量达14.0%～15.0%，温度升高至22.0 ℃，管理不善就会发霉。在贮藏期间，要注意防热、防湿、防虫。

复习思考题

1. 全球小麦生产、消费与贸易情况如何？
2. 我国小麦生产按季节划分为几个区域？各区域生产特点是什么？
3. 简述小麦阶段发育理论在生产上的应用。
4. 如何选用小麦优良品种？
5. 简述提高小麦播种质量的技术。
6. 简述小麦不同生育阶段田间管理主要技术。
7. 小麦主要灾害是什么？防控技术有哪些？

第三章

现代玉米绿色生产技术

玉米起源于拉丁美洲，人类栽培玉米的历史有7000多年。1492年哥伦布发现美洲大陆后，玉米逐渐传播到世界各地。目前，玉米已成为世界种植面积、总产量第一的粮食作物，也是单产最高的禾谷类作物，被誉为“高产之王”“饲料之王”。中国是玉米生产和消费大国，近年来的种植面积居世界第一位，总产量仅次于美国。玉米已成为粮食、饲料、食品和能源加工业的优质原料。

第一节　玉米产业发展概况

一、玉米的起源与传播

玉米在植物分类学上属于禾本科玉蜀黍属，学名玉蜀黍（*Zea mays* L.），国内各地还将玉米称为苞谷（西南）、苞米（东北）、老玉米（北京）、玉茭（山西）、棒子（河北）、金黍（陕西）、珍珠米（江苏）和玉麦等。

（一）玉米的起源

1. 玉米的起源地

玉米起源于拉丁美洲，起源中心至今仍有不同观点。有的学者认为，玉米有多个起源中心：粉质型玉米起源中心在哥伦比亚，硬粒型玉米起源中心在秘鲁，马齿型和爆裂型玉米起源中心在墨西哥，甜质型和有稃型玉米的起源中心在巴拉圭。在中美洲和南美洲的许多古代遗址中，发现了大量的古代印第安人种植的玉米果穗等，经测定证明，距今已有7000多年。美洲大陆是玉米的起源地，从美国南部，经过墨西哥直到南美的秘鲁、智利，沿安第斯山麓的狭长地带是玉米最早被驯化的地区。

2. 玉米的原始祖先

全世界的科学家研究了一个多世纪，提出了很多种起源的理论，但至今未有定论。大刍草学说维持的时间长且支持这种观点的学者较多。这种大刍草至今在中美洲农村的田野还可以找到。同现代玉米相比，大刍草植株细小，茎秆很像玉米，丛生，茎端有一个小的果穗，籽粒也很细小，而且就像小麦籽粒那样容易脱落。当它和玉米生长在一起、同时开花的时候，很容易相互杂交，并且产生和现代栽培玉米十分相似的植株后代。

（二）玉米的传播

1. 玉米传于世界的途径

公元1492年，哥伦布发现新大陆之前，玉米只在美洲范围内传播。16世纪，随着世界性航线的开辟，玉米开始沿着三条路线传播到世界各地。

第一条路线：玉米由美洲大陆首先传到西班牙，然后沿地中海航线传播到意大利、希腊和土耳其；经此由比利牛斯山传入法国和德国。1562年传入英国，其后传入罗马尼亚、波兰等一些东欧国家，大约17世纪末传入俄国。

第二条路线：16世纪初，玉米从突尼斯传入埃及、埃塞俄比亚、苏丹等国家，其后传入非洲南部的许多国家。

第三条路线：大约在16世纪30年代，玉米一路通过陆地从土耳其、伊朗、阿富汗传入东亚，另一路通过水路东方航线传播至印度和东南亚各国。

现在，除南极洲外，玉米在世界各地都有种植，南界已到南纬35°～40°，北界到达了北纬45°～50°，饲用玉米可以延伸到北纬58°～60°地区。从低于海拔20 m的盆地，直到海拔4000 m的高原，都有玉米种植。

2. 玉米传入中国的途径

玉米传入我国的时间，从古籍中查到的记载有1511年安徽《颍州志》，1551年河南《襄城县志》，1555年河南《巩县志》，1563年云南《大理府志》，1578年李时珍的《本草纲目》等，比较公认的玉米传入我国的时间，大约在16世纪初期，即公元1500—1510年。

玉米传入我国可能有三条途径:第一条是从西班牙传到麦加,经过中亚细亚传到我国西北地区;第二条是从北欧传到印度、缅甸后,引种到我国西南地区的云南、贵州、四川等地,尔后向北传到陕西、甘肃、山西等地,向东传播到广西、湖南、湖北、浙江等地;第三条是从欧洲传到菲律宾,经海路传入我国的东南沿海各地。

二、玉米的种族与分类

(一)玉米的种族

1. 世界玉米种族

玉米变异丰富,种类繁多;玉米是多中心起源的,从而形成了不同地区的类群,目前全世界的玉米种族大约有 150 个。20 世纪 20 年代,瓦维洛夫在不同地区搜集了大量玉米标本。经过研究,库列孛夫于 1933 年按胚乳质地类型及稃壳的有无,将栽培玉米分为 8 群,即硬粒型、粉质型、马齿型、爆裂型、甜质型、甜粉型、蜡质型、有稃型。

2. 中国玉米种族

我国研究玉米种族的不多,曹镇北和徐文伟(1987)将我国的玉米划分为 5 个种族和 4 个类群。

(1)北方马齿种族　与美国玉米马齿种族相似,引入我国较晚。代表品种有金皇后、白马牙、英粒子、白鹤、黄金塔等。这个种族的玉米喜肥水,丰产潜力大,对光周期不敏感。

(2)硬粒和马齿品种间杂交的衍生种族　该种族产生于国外马齿型玉米引进我国的品种,代表品种有金顶子、白头霜、二黄棒子等。

(3)北方八行硬粒种族　来源于美国的北方硬粒型玉米,代表品种有长八趟、海珍珠等。

(4)宽扁穗玉米种族　来源于葡萄牙的畸形果穗玉米,主要品种有鞋底子、鸭子嘴、双头白等。该种族的特点是果穗粗短、扁宽,有的穗叉分枝,籽粒行数多,粒小,排列紊乱。

(5)南方糯质玉米种族　该种族产生于我国的云南、广西一带,主要代表品种有巧家岳麓糯玉米、宜山糯、岭巩白糯等。

还有4个待定的类群,即中晚熟硬粒类群、早熟橙色硬粒类群、中早熟白粒硬粒类群和墩子黄硬粒类群。

(二)玉米的分类

1. 按籽粒性状分类

可划分为9个类型,生产上常用的有7类。

(1)硬粒型　也称硬粒种或燧石种。该类型果穗多为圆锥形。籽粒圆形或方圆形,顶部和四周的胚乳均为角质淀粉,只有居中的小部分为粉质淀粉。籽粒颜色以黄色最多,白色次之,紫色和红色较少。生产上一般表现早熟、耐旱、耐瘠薄,适应范围较广泛,产量比较稳定,食用品质好。

(2)马齿型　也称马齿种。该类型果穗多为圆柱形。籽粒较大,呈马齿状,长方形或方形。籽粒两侧为角质淀粉,顶部及中部为粉质淀粉。因为成熟时顶部的粉质淀粉干燥后较两侧角质淀粉缩小得多,所以粉质顶部呈马齿状下陷,故名马齿型。籽粒顶部凹陷的程度,随粉质淀粉的多少而不同,粉质淀粉越多,凹陷越深。籽粒颜色有黄、白、紫色等。这类玉米植株高大,有较大的增产潜力,栽培上要求有较高的肥水条件。

(3)半马齿型　也称半马齿种或中间型。该类型果穗长锥形或圆柱形。籽粒粉质,胚乳较马齿型少,较硬粒型多,籽粒顶部的凹陷深度较马齿型浅,顶部呈现浅色斑点,粒色、形状和大小类型多样化,具有适应性广、产量高、品质优等特点,是生产上普遍栽培的类型。

(4)糯质型　也称蜡质种或蜡质型。该类型是起源于我国的一个玉米突变种,果穗锥形或长锥形。籽粒圆形或方圆形,不透明,表面平滑但无光泽,外观蜡状。籽粒颜色有白、黄、紫、红、黑和花色等,籽粒胚乳淀粉主要由支链淀粉组成,性黏,水解后易形成胶状的糊精,加碘液呈褐红色。品质优良,营养价值高,鲜食口感好。籽粒加工后,是食品、造纸、纺织、黏着剂等的优质原料。

(5)甜质型　也称甜玉米。该类型果穗一般呈圆柱形。籽粒颜色有黄色、白色、黄白相间等。乳熟期籽粒可溶性糖含量较多,一般籽粒的含糖量为15%~18%。脂肪、蛋白质和淀粉含量较低,成熟时籽粒糖分减少,干燥后表面皱缩或凹陷,呈半透明状。

(6)爆裂型　也称爆裂种或爆花玉米。该类型果穗较小,锥形或长锥形。

籽粒形状呈麦粒形或圆形。粒色多数为黄色,也有白、红、紫色等。籽粒坚硬光滑,胚乳几乎全部由角质淀粉组成,白籽粒中间有少量粉质淀粉。籽粒遇高温可膨胀爆裂,爆裂系数远大于硬粒型玉米。该类型玉米一般植株矮小,叶片较窄,易分蘖,产量较低。

(7)粉质型　也称软质种或软粒种。该类型果穗和籽粒外形与硬粒型类似。籽粒表面无光泽,胚乳几乎完全由粉质淀粉组成,或仅在外层有很薄的一层角质淀粉,粒色为乳白色,组织松软,容重低,种皮较薄,吸湿性强,贮藏不当易霉变。植株叶片和分蘖较多,是牲畜的良好饲料。

(8)甜粉型　也称甜粉种。该类型籽粒上半部有与甜质型相同的角质淀粉,下半部具有与粉质型相同的粉质淀粉,缺乏生产利用价值,只是分类学上使用。

(9)有稃型　也称有稃种。该类型果穗锥形,是较原始的类型。籽粒质地坚硬,角质淀粉含量高,每个籽粒外面均有大的稃(颖片和内外稃的变形)包裹。以黄粒色居多,也有白色等。由于籽粒产量不高,不易脱粒,生产上很少直接应用。

2. 按籽粒组成成分与用途分类

(1)高油玉米　指籽粒脂肪含量≥6.0%的玉米类型。果穗多为圆锥形,籽粒圆形或方圆形,有光泽,顶部和四周均为角质胚乳,只有居中的小部分为粉质胚乳,粒色多为黄色。

(2)高蛋白玉米　也称高赖氨酸玉米。一般籽粒赖氨酸含量≥0.4%,粗蛋白含量≥9%,胚乳硬质或半硬质的玉米类型。果穗多为长锥形或圆柱形。籽粒圆形或方圆形,有光泽,顶部为角质胚乳的更优。籽粒颜色多为黄色,食用和饲用价值皆高于普通玉米。

(3)高淀粉玉米　指玉米籽粒中粗淀粉含量≥72%的玉米类型。果穗多为锥形,籽粒以马齿型较多,胚乳几乎完全由粉质淀粉组成,粒色乳白,组织松软,容重较低,是制造淀粉和酿造用的优质原料。

(4)糯玉米　指籽粒总淀粉中的支链淀粉含量≥95%的玉米类型。淀粉黏性,食用口感好,多为鲜食使用。

(5)甜玉米　指乳熟期籽粒可溶性糖含量≥10%的玉米类型,包括以下三种:①普通甜玉米,可溶性糖含量为10%～15%;②加强甜玉米,可溶性糖含量为15%～18%;②超甜玉米,可溶性糖含量为15%～25%,可加工成籽粒罐头、速冻保鲜果穗或鲜籽粒。

(6)笋玉米　指玉米果穗刚开始吐丝时就采收,食用没有鼓粒的幼嫩雌穗部分的玉米类型。玉米笋形似竹笋,如手指粗,通常要求长5～11 cm,直径10～22 mm,单笋重5～19g。

(7)爆裂玉米　指玉米籽粒遇高温即可膨胀爆裂25倍以上的玉米。籽粒较小,有光泽,胚乳基本上由角质淀粉组成。

(8)青饲青贮玉米　指专门用鲜嫩的玉米全株茎叶做饲料的玉米。该类型玉米生长迅速,在短时间内可以获得较多的茎叶产量。

3. 按生育期分类

依据我国中部的黄淮海地区生态气候条件,玉米从播种到成熟所需时间的长度、积温的数量,可将玉米划分为早熟、中熟、晚熟三个类型。

(1)早熟型　生育期需≥10 ℃的积温2000～2200 ℃,春播生育期<100 d,夏播<90 d。一般早熟种,植株较矮,总叶片数14～18片,果穗圆锥形居多。

(2)中熟型　生育期需≥10 ℃的积温2300～2500 ℃,春播生育期100～120 d,夏播90～105 d。一般中熟种,植株较高,总叶片数16～20片,果穗大小中等,籽粒产量较高,适应性较广泛。

(3)晚熟型　生育期需≥10 ℃的积温>2500 ℃,春播生育期>120 d,夏播≥106 d。植株高大,株高多在260～350 cm,总叶片数21～25片,果穗粗大,产量潜力相对较大,适宜春播或套种。

(三)玉米的国家标准

国家标准《玉米》(GB 1353—2018)于2019年2月1日正式实施,将玉米划分为5个等级。

一等玉米:容重≥720 g/L,不完善粒含量≤4.0%,霉变粒含量≤2.0%,杂质含量≤1.0%,水分含量≤14.0%,色泽、气味正常。

二等玉米:690 g/L≤容重<720 g/L,不完善粒含量≤6.0%,霉变粒含量≤2.0%,杂质含量≤1.0%,水分含量≤14.0%,色泽、气味正常。

三等玉米:660 g/L≤容重<690 g/L,不完善粒含量≤8.0%,霉变粒含量≤2.0%,杂质含量≤1.0%,水分含量≤14.0%,色泽、气味正常。

四等玉米：630 g/L≤容重<660 g/L，不完善粒含量≤10.0%，霉变粒含量≤2.0%，杂质含量≤1.0%，水分含量≤14.0%，色泽、气味正常。

五等玉米：600 g/L≤容重<630 g/L，不完善粒含量≤15.0%，霉变粒含量≤2.0%，杂质含量≤1.0%，水分含量≤14.0%，色泽、气味正常。

等外品：容重<600 g/ L，不完善粒含量不要求，霉变粒含量≤2.0%，杂质含量≤1.0%，水分含量≤14.0%，色泽、气味正常。

三、玉米生态区划

（一）世界玉米生态区划

世界玉米生态区域是按五大洲的种植面积、单产水平、优势区域等划分的。

1. 种植面积

世界五大洲玉米种植面积最大的是亚洲，其次是美洲、欧洲，非洲和大洋洲玉米种植面积很小。

2. 单产水平

玉米生产单产水平高的是美洲和欧洲，其次是亚洲，非洲单产最低。

3. 优势区域

世界上有三大玉米优势生产区域：

(1)美国玉米带　分布在美国中央大平原上，位于北美五大湖以南的艾奥瓦州、伊利诺伊州、内布拉斯加州、明尼苏达州等密西西比河流域的平原地区，这里地势平坦，土壤肥沃，无霜期长达 160～200 d，年降水量达 500～600 mm，春夏季气温较高，适合玉米生长，是世界上玉米种植面积最大、专业化、机械化程度和产量水平最高的产区。2019 年，美国玉米收获面积 3290 万 hm^2，总产量 34705 万 t，单产 10532 kg/hm^2（表 3-1）。

(2)中国玉米带　主要分布在东北地区的黑龙江、吉林、辽宁、内蒙古、山西，黄淮海地区的河北、山东、河南、安徽和江苏北部等，西南地区的四川、重庆、贵州、云南、广西、湖北和湖南西部、陕西南部地区。近年来，玉米生产发展很快，2020 年全国玉米播种面积达 4126 万 hm^2，超过美国，成为世界第一，总产量 26067 万 t，单产 6317 kg/hm^2（表 3-2）。

表 3-1 2000—2019 年世界玉米主产国生产情况

国家	收获面积/万 hm²			总产量/万 t			单产/(kg/hm²)		
	2000 年	2010 年	2019 年	2000 年	2010 年	2019 年	2000 年	2010 年	2019 年
美国	2932	3296	3295	25185	31617	34705	8591	9592	10532
巴西	557	1162	1752	3188	5536	10114	2745	4367	5773
阿根廷	309	290	723	1678	2268	5686	5473	7812	7862
印度	661	855	903	1204	2173	2772	1822	2540	3070
墨西哥	713	715	669	1756	2330	2723	2462	3260	4070
法国	177	157	151	1602	1398	1185	9077	8896	8529
南非	401	274	230	1143	1282	1128	2849	4674	4901
印度尼西亚	350	413	565	968	1833	3069	2765	4436	5437
加拿大	111	120	145	695	1171	1340	6284	9739	9236
乌克兰	128	265	499	385	1195	3588	3009	4515	7195
意大利	106	93	63	1014	883	628	9528	9534	9986
罗马尼亚	305	209	268	490	904	1743	1606	4318	6500
俄罗斯	72	103	160	153	308	1428	2123	3009	5699
世界	13701	15884	19720	59248	81970	114849	4325	5160	5824

资料来源:中国农村统计年鉴—2021

表 3-2 2000—2020 年中国玉米主产地区生产情况

地区	播种面积/万 hm²			总产量/万 t			单产/(kg/hm²)		
	2000 年	2010 年	2020 年	2000 年	2010 年	2020 年	2000 年	2010 年	2020 年
黑龙江	180	437	548	791	2324	3647	4390	5321	6654
吉林	220	305	429	993	2004	2973	4520	6578	6936
山东	241	296	387	1468	1932	2595	6079	6538	6705
河南	220	295	382	1075	1635	2342	4883	5549	6135
内蒙古	130	249	382	629	1466	2743	4847	5897	7173
河北	248	301	342	995	1509	2052	4012	5015	6005
辽宁	142	209	270	551	1151	1794	3874	5497	6646
四川	124	136	184	547	669	1065	4431	4936	5790
云南	113	142	180	473	613	938	4190	4323	5204

续表 3-2

地区	播种面积/万 hm^2			总产量/万 t			单产/(kg/hm^2)		
	2000 年	2010 年	2020 年	2000 年	2010 年	2020 年	2000 年	2010 年	2020 年
山西	79	155	174	355	766	980	4470	4945	5625
陕西	106	118	118	414	532	620	3914	4501	5258
甘肃	46	84	100	211	390	617	4533	4673	6163
新疆	38	65	105	269	422	928	2021	6448	8833
安徽	49	76	124	219	313	663	4507	4109	5372
全国	2306	3498	4126	10600	19075	26067	4598	5454	6317

资料来源：中国农村统计年鉴—2021

(3)欧洲玉米带　主要分布在欧洲南部平原，西起法国，经意大利、塞尔维亚至罗马尼亚等地。近年来，玉米种植面积约 1500 万 hm^2，单产 8092 kg/hm^2，总产量 12140 万 t。

(二)中国玉米生态区域

依据各地的生态环境、土壤类型、气候条件、耕作制度、栽培特点、品种类型等，全国可划分为 6 个玉米生态区域。

1. 北方春播玉米区

本区包括黑龙江、吉林、辽宁三省，内蒙古、宁夏、北京、天津、河北全部，陕西北部，山西省大部和甘肃省东部的一部分地区，是我国玉米种植面积最大、总产量最高的产区。该区域属寒温带半湿润气候，其特点是冬季气温低，无霜期短，夏季平均气温在 20 ℃以上。适宜玉米生长发育的日数，北部地区为 130 d 左右，中部为 150 d 左右，南部在 170 d 左右；≥10 ℃的积温，北部地区在 2000 ℃，中部地区在 2700 ℃，南部地区在 3200 ℃；全年降水量在 400～800 mm，其中有 60%的降水量集中在 7—9 月份。本地区土壤以黑钙土、黑土、褐土、棕色土为主，土壤肥沃，地势平坦。玉米的耕作制度基本上是一年一熟制，春播秋收，一般 4 月下旬至 5 月上旬播种，9 月份成熟收获，单产水平较高。

2. 黄淮海夏播玉米区

本区包括黄河、淮河和海河流域中下游的河南、山东两省全部，河北省的中南部，山西省的晋中南地区，陕西省的关中地区和江苏、安徽两省北部的徐淮地区，南方以北纬 33°为界，是我国第二大玉米产区。该区域属暖温带半湿润、半干旱气候，年平均气温 10～14 ℃，无霜期 170～240 d，≥10 ℃积温为 3600～4700 ℃，年降水量在 500～800 mm，可灌溉的玉米面积占 50%左右。本地区土壤有潮土、砂姜黑土等。耕作制度为一年两熟制，基本上是小麦连作夏播玉米，玉米 6 月上中旬播种，10 月上旬收获。

3. 西南山地玉米区

本区包括四川、云南、贵州和重庆四省（市）全部，广西壮族自治区、湖南省和湖北省西部，陕西省南部丘陵地区，是我国玉米的第三大产区。该区域属暖温带和亚热带湿润、半湿润气候，全年降水量在 800～1200 mm，具有水热资源较好，光照条件较差，海拔高度与气候差异大，地形地势复杂，立体种植等特点。本区土壤多为红、黄黏壤土，山地为高山草甸土，耕作制度有高寒山区的一年一熟制，低山平坝地区的一年多熟制，玉米基本上是与小麦、马铃薯、甘薯、大豆等作物套作或间作，以春播秋收为主，种植密度比较稀，单产水平较低。

4. 南方丘陵玉米区

本区包括广东、福建、浙江、上海、江西、海南、台湾七个省（市）全部，江苏、安徽两省南部，广西壮族自治区、湖北和湖南省的东部。该区域属亚热带和热带湿润气候，气温较高，适于玉米生长发育的时间在 250 d 以上，年降水量 1000～1800 mm，雨热同步。土壤为黄壤和红壤，土质黏重，肥力不高。南部省（区）一年四季都可以播种玉米，北部省（市）可以在春、夏、秋季种植。

5. 西北灌溉玉米区

本区域包括新疆维吾尔自治区全部和甘肃省的河西走廊。该区域属大陆性干燥气候，年均降水量仅为 200～400 mm，无霜期 130～180 d，日照时数 2600～3200 h，≥10 ℃积温为 2500～3600 ℃，新疆南部可达 4000 ℃。土壤为栗钙土、棕钙土、荒漠土及部分黑钙土。本区光照资源十分丰富，昼夜温差大，极有利于玉米的干物质积累，玉米单产水平居全国第一，目前已成为全国杂交玉米种子生产的重要基地。

6. 青藏高原玉米区

本区域包括青海省和西藏自治区。该区具有高海拔、高寒的气候特点，在东部和南部海拔 4000 m 以下地区，≥10 ℃积温可达 2400～3200 ℃，年日照时数可达 2400～3200 h，光热资源丰富，昼夜温差大，有利于玉米的光合作用和干物质积累。土壤主要为山地草甸土、山地半荒漠土及部分山地草原土。耕作制度是一年一熟的春播玉米。

四、玉米产业的发展趋势

进入市场经济时代，全世界是一个大市场，要开阔眼界，从国际、国内的广度看待玉米产业的发展趋势，分析玉米的供求态势，研究玉米的增产潜能，因地制宜抓好玉米产业一体化经营。

（一）玉米市场供求分析

玉米的供应常受到政策、科技、生产以及自然气候等因素的影响，尤其是天气条件的变化对玉米生产的波动影响较大。风调雨顺玉米就大增产，遇到自然灾害年份就会造成减产，而市场需求数量是相对稳定的。我们从事玉米生产、经营和加工的业内人士，只有不断学习和研究国内外玉米市场供求关系，才能有效地利用好国内外两个市场，获取最佳的产业发展经济效益。

1. 全球玉米市场分析

随着市场经济的发展、人口的增加和生活水平的日益提高，对玉米的需求量逐年增多（表 3-3）。

表 3-3　2010—2020 年世界玉米供求数量　　万 t

年份	2010	2012	2014	2016	2018	2020
总产量	82829	87045	100747	107476	111475	112318
消费量	84242	86732	98619	106261	112095	113640
贸易量	8992	9697	13171	16361	16934	17745

资料来源：美国农业部

（1）玉米总产量　从多个层面看，全球玉米种植面积、单产水平和总产量呈现不断增加的态势。美洲、亚洲玉米生产发展比较快。

①全球玉米发展步伐加快：玉米是全世界的主要谷物粮食作物，也是重要的饲料和食品加工原料，近年来的种植面积超过了小麦和水稻，种植面积和总产量居三大谷物之首。20 世纪 60 年代全世界年均玉米种植面积为 10633 万 hm^2，单产 2175 kg/hm^2，总产量 23073 万 t；到 20 世纪 90 年代，年均种植面

积为 13427 万 hm^2，单产提高到 4005 kg/hm^2，总产量增加到 53736 万 t；2019 年收获面积发展到 19720 万 hm^2，单产上升到 5824 kg/hm^2，总产量达到 114849 万 t。

②主产国玉米生产加速发展：玉米种植面积最大的是美国，2019 年玉米收获面积为 3295 万 hm^2，单产 10532 kg/hm^2，总产量 34705 万 t，同 2000 年相比，收获面积增加了 363 万 hm^2，总产量增加了 9520 万 t，单产提高了 1941 kg/hm^2，分别增长了 13.4%、37.8%和 22.6%。2019 年美国玉米收获面积占全世界的 16.7%、总产量占 30.2%。中国玉米生产发展比较快，2019 年玉米播种面积 4128 万 hm^2，单产 6317 kg/hm^2，总产量 26078 万 t，同 2000 年相比，播种面积扩大了 1822 万 hm^2，单产提高了 1720 kg/hm^2，总产量增加了 15478 万 t，分别增长了 79.0%、37.4%和 146%，跃居世界第二位。巴西的玉米发展也很快，2019 年收获面积 1752 万 hm^2，总产量 10114 万 t，同 2000 年相比，收获面积扩大了 215%，总产量增加了 217%，居世界第三位。玉米单产水平最高的是以色列，2019 年玉米单产高达 23224 kg/hm^2，依次为新西兰 11734 kg/hm^2，西班牙 11727 kg/hm^2，意大利 9986 kg/hm^2。

(2)玉米贸易量　随着玉米生产与市场经济的发展，全世界玉米贸易量逐年增长。20 世纪 60 年代，全世界玉米贸易量是 2280 万 t，70 年代增加到 5285 万 t，80 年代上升到 7068 万 t，90 年代稳定在 7000 万 t 以上，2020 年达到 17745 万 t。

①出口玉米较多的国家：玉米出口量最多的国家是美国，2010 年以来，每年玉米出口量在 6000 万 t 左右，占全世界出口量的 60%以上，对全世界玉米贸易起着决定性的控制作用；其次是巴西，2020 年出口量 3900 万 t，阿根廷出口 3400 万 t。

②进口玉米较多的国家：2020 年玉米进口量最多的国家是日本，进口量 1600 万 t；其次是韩国，进口量 1180 万 t；东南亚国家进口 1865 万 t；墨西哥年进口约 400 万 t，埃及年进口量 300 万 t 以上。近年来，中国玉米进口量逐年增加，2014 年为 260 万 t，2020 年为 1124 万 t，2021 年达到 2835 万 t。

③消费玉米较多的国家：玉米消费量最多的是美国，2020 年消费玉米量 31116 万 t，其中用于生产燃料乙醇的量在 12830 万 t；其次是中国，玉米年消费量 2 亿 t 以上，其中用于养殖业饲料的 14000 万 t，加工原料 5000 万 t 左右，食

用口粮 1400 万 t，种子 130 万 t；其余依次是：巴西年玉米消费量 6000 万 t 左右，日本 1600 万 t，意大利 1000 万 t 左右，埃及和罗马尼亚为 900 万～1000 万 t。

2. 中国玉米市场

（1）玉米总产量　中国是世界第二大玉米生产国，1970—1979 年，年均玉米种植面积 1175 万 hm^2，总产量 3621 万 t；1980—1989 年，年均玉米种植面积 1944 万 hm^2，总产量 6812 万 t，年际间比较稳定；1990—1999 年，年均玉米种植面积 2271 万 hm^2，总产量达 10830 万 t，2020 年种植面积 4126 万 hm^2，总产量 26067 万 t。

（2）玉米贸易量　全国玉米贸易波动比较大，20 世纪 70 年代至 21 世纪初，玉米贸易以出口为主，进口量很少。1980—1989 年，年均出口玉米量 307 万 t，年均进口玉米 85 万 t；1990—1999 年，年均出口玉米 568 万 t，年均进口 62 万 t；2000 年出口玉米量 1047 万 t，2003 年达到 1639 万 t，创历史出口量最高纪录。从 2006 年开始，为保证国内市场供给，玉米出口量大幅度减少，2019 年出口玉米量只有 2.6 万 t。近年来，玉米进口量逐年增多，2000—2009 年，年均进口玉米 2.5 万 t；2010—2019 年，年均进口 334 万 t；2020 年进口 1124 万 t。

（二）玉米生产发展前景

玉米是碳四植物，呼吸作用消耗的干物质少，光合效率高，被誉为禾本科作物“高产之王”。玉米籽粒含有丰富的淀粉、脂肪、蛋白质、糖分、纤维素和矿物质元素等营养成分，是人类不可缺少的食用粮，更是优质的饲料粮，是公认的“饲料之王”。玉米加工产品很多，销售市场遍及全世界，玉米产业发展前景十分广阔。

1. 世界玉米发展趋势

玉米是当今世界上的重要粮食、饲料和工业原料作物，种植面积和总产量居三大谷物作物首位。进一步发展玉米生产，因地制宜扩大种植面积，巩固和建立高产农田，依靠科技进步，挖掘增产潜力，提高单位面积产量，是增加总产、保障供给的重要途径。

（1）生产与需求数量的预测　伴随着世界人口的增长、畜牧业和玉米加工业的发展，全世界对玉米的需求量也将随之增加。预测到 2030 年，世界粮食产量预计增加到 35 亿 t，其中玉米产量 15 亿 t 左右。进一步增加玉米产量：一是靠因地制宜扩大种植面积；二是依靠科技进步提高单位面积产量。世界玉米种植面积将发展到 24000 万 hm^2，单产水平可提高到 6500 kg/hm^2。

(2)增产与科技措施的应用　①培育优良杂交品种：优良品种对玉米增产起着首要作用，贡献率最大。在国家高度重视种质资源创新的环境条件下，加大力度培育出高产、优质、抗逆性强、适应性广的优良杂交玉米品种，搞好种子生产，满足生产发展需要。②科学合理使用肥料：在玉米生产水平较高的地区，要着重改进化肥的理化性状，发展各种类型的高效复合肥、缓释肥、浓缩肥料等；在发展中国家，要因地制宜增加化肥用量，测土配方施肥，提高施肥技术和效率，大力推广秸秆还田，培肥地力。③推广少免耕栽培技术：少耕与免耕，可以利用作物秸秆或残茬覆盖土壤，降雨时可减少地面径流和水土流失；干旱时能减少蒸发量，改善土壤水分状况，同时可以节省能源，节约生产成本。④建立综合防灾体系：加强高产农田建设，增强农业自然灾害的防御能力；建立以先进的生物技术为主，农业、物理、化学防治为辅的病虫草害综合防治体系，提高对生物灾害的防治能力。

2. 我国玉米生产潜力

我国是世界上第二大玉米生产与消费大国，随着人口的不断增长，生活水平的日益提高，人们对玉米产品及转化的肉、蛋、奶等食品的需求量随之增加。据预测，到 2030 年，我国人口数量将达到 14.4 亿人左右，粮食需求数量约 6.9 亿 t。解决粮食供应问题，必须立足于国内发展，着重依靠玉米增产。我国玉米生产处于快速发展阶段，蕴藏着巨大的增产潜力。

(1)平衡生产潜力　从世界三大玉米生产带的单产水平看，我国玉米带平均单产 6500 kg/hm^2，为美国的 60%。从全国玉米产区单产水平分析，西南山地玉米区、南方丘陵玉米区和一部分黄淮海夏播玉米区，占全国玉米种植面积的 60%，单产低于全国平均水平的 20%左右；从国内玉米高产典型看，新疆奇台农场玉米高产示范田，2017 年每公顷产量 22757 kg，2020 年达到 24949 kg。一部分县市玉米单产已达 7500 kg/hm^2以上，高产创建示范区单产超过 9000 kg/hm^2，辽宁省朝阳市建平县黑水镇东台村 2019 年平均单产 20209.5 kg/hm^2，平均增产潜力在 2250 kg/hm^2。

(2)科技增产潜力　①优良品种利用不够：与美国及欧洲一些国家相比，我国现行的杂交玉米品种遗传基础狭窄，杂种优势和抗逆性不强，种子亲本繁殖和生产控制不严格,种子纯度不高。②土壤肥力水平相对较低:我国尚有65%的玉米种植在山区、丘陵的坡地上,土壤有机质含量低,有的地方施肥水平低,有的施肥不科学、肥料利用率低。③种植密度不足:尚有50%的面积,种植密度低于45000株/hm^2,与高产田相差15000株/hm^2。④防灾抗灾能力不强:每年因旱涝灾害、低温冷害、风灾倒伏以及病虫害造成的玉米产量损失在10%左右。存在的这些问题,都要依靠科技来解决,要因地制宜分析原因,制定出发展对策,挖掘增产潜力,加快玉米生产的发展。

3. 玉米产业发展措施

(1)发展区域优势,建立商品基地　从全国大局考虑,在玉米生产发展的战略上,要因地制宜,发挥区域优势,建立稳固的商品玉米生产基地。

①东北地区:该区是优势玉米生产区域,要充分利用优越的自然生态环境,适当调整玉米品质结构,发展一部分高油、高淀粉、高赖氨酸玉米等,建立优质专用玉米生产基地,为饲料和食品加工提供原料。

②黄淮海地区:该区是夏播玉米的适宜地区,要稳定玉米种植面积,进一步发挥玉米抗灾高产的作用,建立稳定的饲料玉米、青贮玉米生产基地,为养殖业提供充足的商品玉米货源,促进畜牧业的发展。

③南方丘陵山区:这是春播套种玉米的适宜地区,要充分利用温、光、水等自然资源,农民勤劳耕作的优势,发展玉米与马铃薯、甘薯、大豆、蔬菜等多熟间作套种模式,稳定玉米种植面积,增加种植密度,走综合提高玉米等粮经作物生产的路子,建立食用玉米和甜糯玉米生产基地,确保粮食稳定增长。

④西北地区:光照资源充足,玉米生长期间自然灾害及病虫害相对较少,玉米产量高。应围绕畜牧业和玉米种子的发展,建立优质饲料玉米和杂交玉米种子生产基地。

⑤沿海及城郊地区:商品流通比较发达,应积极稳步发展高价值的甜玉米和糯玉米生产,既要满足向东南亚国家的出口需要,又要丰富城镇居民的菜篮子,逐步改善食物结构。

(2)实施高产创建,挖掘增产潜力　受到耕地资源贫乏的限制,玉米种植面积不可能有较大发展,进一步发展玉米生产,主要依靠科技进步来充分挖掘玉米的增产潜力,着力在“一增四改”上下功夫。

①合理增加种植密度:根据品种特征特性、自然生产条件及产量目标,因地

制宜地将现有生产上偏低的种植密度普遍增加。玉米是单秆作物，一般每株只能收获1个果穗，增加密度对提高产量是最直接的技术措施。玉米又是高光效碳四作物，增产潜力大，从干物质生产角度分析，产量主要由叶面积系数、光合效率和光合时间等决定，其中叶面积系数起主导作用，单位面积株数多，叶面积系数大，干物质生产量就高。在影响玉米产量构成要素中，密度是最易于人为进行掌握和调控的，只要在播种和定苗等环节中合理操作，就能达到所要求的密度，而穗粒数和籽粒主要受到自然气候条件等许多综合因素的影响。从目前生产上看，玉米每公顷的种植密度一般在45000～60000株，其中西南山区在37500～45000株，东北春玉米区在50000株左右，黄淮海夏玉米区在60000株左右，都没有达到紧凑型或半紧凑玉米品种适宜的种植密度，都可适当增加12000株左右，可提高单产1800 kg/hm^2。

②改种耐密型高产品种：耐密型高产品种是增加种植密度和提高单产的基础，耐密型品种不完全等同于紧凑型品种，是紧凑型玉米品种的升级版。耐密型品种具有紧凑型、小雄穗、坚茎秆、开叶距、低穗位和大根系等形态特征，能耐80000株/hm^2以上的高密度，达到密植而不倒，果穗全、匀、饱，还具有发达根系，抗倒伏能力强，耐阴雨寡照和较广的密度适应范围及较好的施肥响应能力，适应简化栽培和机械化作业。种植耐密品种，必须配套相应的栽培技术，通过品种提高耐密性和抗倒性，再通过栽培增加适宜的种植密度和施肥量，实现单产增加。如农大372、矮单268、良玉99、豫单9953等品种。

③改套种为连作净种：小麦/玉米套种模式，在我国还有相当多的面积，这是在过去生产水平比较低，杂交玉米品种生育期比较长的情况下形成的。在20世纪70—90年代，实行小麦/玉米套种，对提高玉米产量起到了积极作用，但是套种玉米也存在一些不利影响：第一是限制了玉米种植密度的增加；二是田间套作玉米出苗不齐，整齐度差，特别是共生期间，由于小麦的遮光、争水、争肥，影响玉米苗期生长和限制产量进一步提高。现在小麦生产发生了很大变化，小麦密度增大了，产量水平比较高，预留行套种玉米，对玉米的荫蔽更大；三是玉米品种发生了很大变化，生育期缩短了，尤其是营养生长期缩短，幼穗分化的时间提早了，更不利于实行套种。因此，在小麦、玉米两熟制地区，适宜两季连作的地区，加大力度改套作为连作，既可以实行机械作业，按时耕种，又能提高播种质量，增加种植密度和群体整齐度，达到显著增加玉米产量的效果。

④改粗放用肥为配方施肥：目前，我国化肥用量虽然相对比较高，但是存在着用量不平衡、利用率低的问题，主要原因：一是没有按照玉米需肥规律，科学合理地配置肥料种类、氮磷钾及微量元素比例、使用数量与时期；二是简单落后的地表撒肥等不科学的施肥方法，造成肥料大量地挥发和流失等。种植耐密型高产杂交玉米品种，就需要相应地增施肥料数量和配方施肥。因此，必须大力推广秸秆还田，改良土壤，提高保肥供肥能力；采取测土配方施肥，提高化肥利用率，把握好施肥时期，耕层深施，尤其是深施追肥，减少挥发和流失；研制长效缓释专用肥的剂型及使用技术。

⑤改人工种植为机械化作业：在平原、丘陵和山区平坝地区，广泛推广玉米机耕、机播、机管、机收等全程机械化生产。北方平原春播玉米区和黄淮海平原夏播玉米区，宜全面普及玉米全程机械化生产；在西北、西南山地玉米区，受地形地貌的限制，地块小、田块高差大、坡度比较陡，可因地制宜推广小型耕整、播种、施肥等机械，减轻劳动强度，降低生产成本，提高经济效益。

第二节　玉米生长发育及环境条件

了解玉米生育周期，根、茎、叶、穗、粒各器官是如何形成的，植株外部形态和内部生理都发生了哪些变化，在玉米生长发育过程中对生态环境温度、光照、水分、土壤及矿物质等条件的需要，有利于在生产过程中利用天时、地力培育玉米壮苗，打好高产优质生产基础。

一、玉米的生育周期

玉米的生育周期，从生产角度讲，包括从籽粒播种到果穗籽粒成熟收获的阶段；从生物学讲，应从卵子受精形成合子时起，经过一系列生长发育，到新的合子形成时止。玉米生育周期的完成，是一个连续不断的发展过程，是其营养器官及生殖器官共同生长发育的结果。

（一）玉米的生育进程

1. 玉米生育期的变化规律

在玉米生产上，从播种到籽粒成熟期所经历的天数称全生育期；从出苗到籽粒成熟期所经历的天数称生育期，其长短主要决定于基因型，也因温度、光照、肥水等环境条件的不同而发生变化。通常，叶片数多的品种生育期较长，叶片数少的品种生育期较短；日照较长、温度较低或肥水充足时，生育期较长，反之则较短。

2. 玉米生育期划分标准

玉米生长发育过程中，由于根、茎、叶、穗、粒等器官的出现，植株外部形态也随之发生变化。玉米生育时期就是指某一新器官的出现使植株形态发生特征性变化的日期，生产上习惯以月/日表示。一般大田或试验田，以全田50%以上植株进入该生育时期为标志。

(1)播种期　播种当天的日期。

(2)出苗期　全田50%的幼苗第一片真叶出土展开，苗高达到2～3 cm高的日期。

(3)拔节期　植株基部茎节开始伸长，茎节长度达到2～3 cm，雄穗生长锥开始伸长的日期。拔节标志着植株茎叶已全部分化完成，将要开始旺盛生长，雄穗花序开始分化发育，是玉米生长发育的重要转折时期之一。

(4)大喇叭口期　这是我国农民的俗称。此时玉米植株外形大致是棒三叶(即果穗叶及其上、下各一片叶)大部分伸出，但未全部展开，心叶丛生，形似大喇叭口，最上部叶片与未展出叶之间，在叶鞘部位能摸到发软而有弹性的雄穗。该生育时期的主要标志是雄穗分化进入四分体形成期，雌穗正处于小花分化期，叶龄指数为60，距抽雄15 d左右。

(5)抽雄期　全田50%植株雄穗主轴从顶叶露出3～5 cm的日期，此时，植株的节根层数不再增加，叶片即将全部展开，茎秆下部节间长度与粗度基本定型，雄穗分化已经完成。

(6)开花期　全田50%的雄穗主轴小穗开始开花散粉的日期。此时，雌穗的分化完成。

(7)吐丝期　全田50%以上植株的雌穗花丝从苞叶伸出2～3 cm的日期。在正常情况下，玉米雌穗吐丝期和雄穗开花期同步或迟2～3 d。若抽穗前10～15 d遇到干旱，这两个时期的间隔天数增多，严重时会造成花期不遇，授粉不良。

(8)灌浆期　植株果穗中部籽粒体积基本建成，胚乳呈清浆状。

(9)乳熟期　植株果穗中部籽粒干重迅速增加并基本建成，胚乳呈乳状后至糊状。

(10)蜡熟期　植株果穗中部籽粒干重接近最大值，胚乳呈蜡状，用指甲可以划破。

(11)成熟期　全田90%以上植株的果穗苞叶自然变黄松散，果穗中下部籽粒乳线消失，胚位下方尖冠处出现黑色层的日期。这时籽粒变硬，干物质不再增加，呈现品种固有的形状和粒色，是收获的适宜时期。

(二)玉米的生育阶段

玉米根、茎、叶等营养器官的生长和穗、粒等生殖器官的分化发育，在全生育过程中表现有明显的主次关系。按器官出现的形态特征和生长性质，可将玉米生长发育分为苗期、穗期和花粒期三个生育阶段(图3-1)。

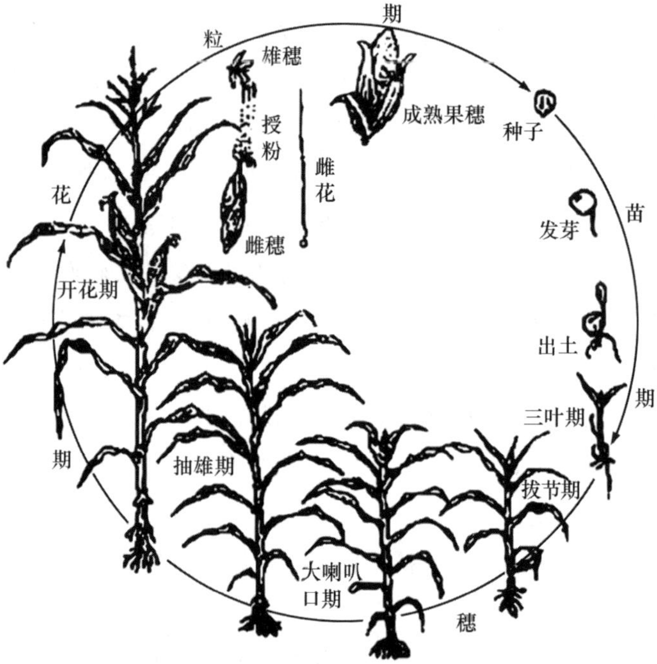

图3-1　玉米的一生

1. 苗期

从播种到拔节期的一段生长过程。

(1)生长特点　玉米种子播种后，种子吸水膨胀，开始萌发，先是胚根突破皮层伸长下扎，随后胚芽向上生长，幼苗在发芽出苗过程中消耗的养分及能量均由种子胚乳供给，是异养过程（图 3-2）。随着根系生长扩大，展开叶增多，绿色面积及光合产物增加，幼苗营养逐渐全部自给，一般从第 3 片叶展开时就过渡到自养过程。苗期阶段，玉米主要进行根、茎、叶的分化和生长。此期间，植株的节根层、茎节及叶全部分化完成，形成了胚根系，长出的节根层数约达总节根层数的 50%，展开叶约占品种总叶数的 30%。因此，从生长器官的属性来说，苗期是营养生长阶段，由器官建成的主次关系分析，这阶段是以根系生长为主。

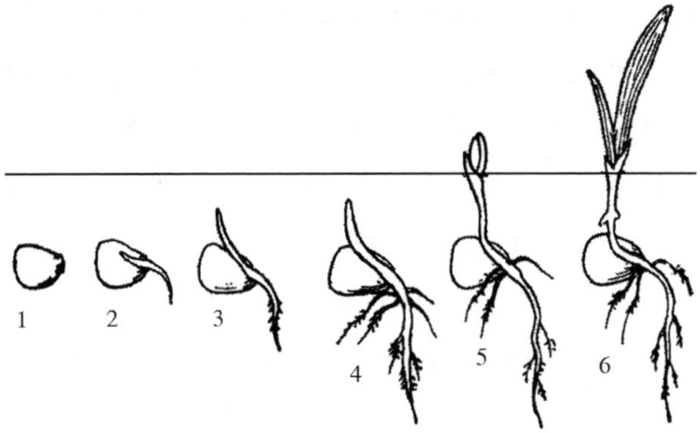

图 3-2　玉米种子的发芽与出苗

1. 种子吸水膨胀　2. 胚根伸出果皮　3. 胚芽鞘伸出

4. 胚芽鞘未出土、露出第一片真叶　5. 第一片真叶长大　6. 幼苗形成

(2)管理重点　在苗期阶段，玉米生产管理的重点是培育壮苗，打好丰产基础。壮苗的个体长相标准是根系发达、叶片肥厚、叶鞘扁宽、苗色深绿、新叶重叠；整体表现为苗全、苗齐、苗匀、苗壮。栽培技术上着重搞好精细整地与播种，防治地下害虫，追施攻苗肥。

2. 穗期

从拔节至雄穗开花期的一段时间为穗期。

(1)生长特点　玉米穗期，根、茎、叶等营养器官旺盛生长并基本建成，一般增生节根 3～5 层，占节根总层数的 50%左右，而根量增加却占总根量的 70%以上；节间伸长、加粗，茎秆定型；展开叶数约占总叶数的 70%。在这个阶段，玉米完成了雄穗和雌穗的分化发育，是营养器官生长与生殖器官分化发育同时并进阶段。本阶段地上器官干物质积累始终以叶、茎为主，拔节期至雄穗四分体期以叶为主,全株叶片干物质占地上部总干重的67%以上,之后茎生长加快,到开花期茎叶干重占地上干物质重的90%以上。

(2)管理重点　玉米穗期田间管理的重点是调节植株生育状况,促进根系发展,使茎秆中下部节间短粗、坚实,保证雌雄穗分化发育良好,建成壮株,为穗大、粒多、粒重奠定基础。栽培技术上着重搞好因苗追施穗肥,防治虫害,预防暴雨风灾造成倒伏等。

3. 花粒期

雄穗开花期至籽粒成熟期经历的时间为花粒期。

(1)生长特点　玉米从开花期开始,进入以开花、吐丝、受精结实为中心的生殖生长阶段。玉米成熟籽粒干物质85%～90%是绿叶在这个阶段合成的,其余部分来自茎叶的贮存物质。在吐丝期,叶片合成物质分配给雌、雄穗的分别占7.78%～8.43%和6.01%～8.55%,灌浆成熟期间,干物质的57.24%～64.07%分配到雌穗,其中籽粒占4.47%～50.94%。

(2)管理重点　玉米花粒期田间管理重点是主攻穗大、粒多、粒重。栽培技术上着重搞好防倒伏、防病虫为害、防旱涝灾害,达到高产丰收的目标。

二、玉米器官的生长发育

玉米器官包括营养器官和生殖器官,营养器官有根、茎、叶等,主要生理功能是为植株生长发育提供无机和有机营养;生殖器官有雄穗、雌穗,同株两种单性花序异位着生,玉米是典型的异花授粉作物。

(一)玉米营养器官的生长

1. 根系

玉米根系属须根系,具有分枝旺盛、根多、根粗、生根有序以及一轮轮环状着生等特点。一般可深入土层140～150 cm,最深可达200 cm,但80%以上的根系集中在表土0～30 cm或50 cm的土层内。根系横向延伸直径一般为50～70 cm,最大可达120 cm。一株玉米的次生根可多达50～120条,加上分枝根总长度可达2000 m,其总面积为地上绿色面积的200倍左右。根系的总重量相当于全株干重的12%～15%。根系在土壤中纵横交织而形成庞大的须根群。

(1)根的种类　玉米根系按其发生先后、着生部位和所起的作用,分为初生根、次生根和支持根(图 3-3、图 3-4)。

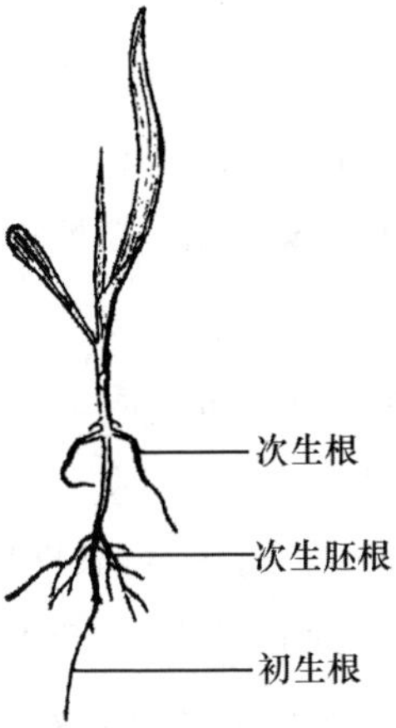

图 3-3　玉米的初生根及次生根

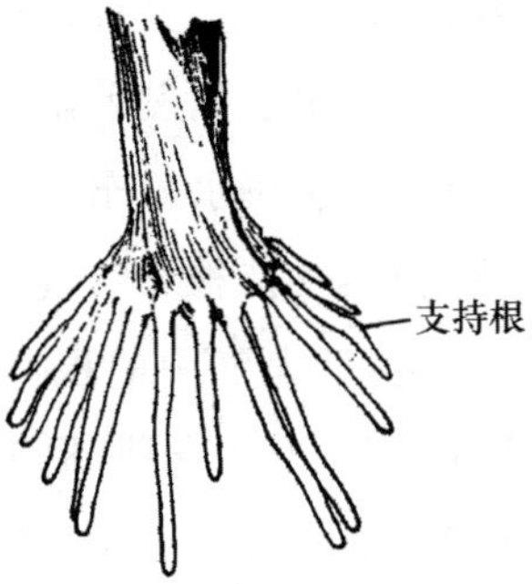

图 3-4　玉米的支持根

①初生根:初生根又称种子根、胚根,包括主胚根和侧胚根,在种子胚胎发育时由胚柄分化发育而成。种子萌发时,首先突破胚根鞘伸出 1 条幼根,称初生胚根或初生根。初生根较粗,直径约 0.3 cm,经过 1～3 d,当初生根延伸达 5 cm 左右时,在中胚轴的基部,盾片节上面又陆续长出 3～7 条次生胚根。次生胚根较细,直径约 0.1 cm。初生根和次生胚根根部陆续生出许多侧支根,并着生无数根毛,因而形成一层密集的初生根系。初生根系在幼苗生长 2～3 周内,在吸收土壤水分和养分上起主导作用,其生命可以维持到玉米成熟。

②次生根:次生根又称节根,是根系的主要部分,着生在地表下密集的茎节上,呈一层层的轮生状态。当玉米幼苗生长 2～4 片真叶时,在表土下 3 cm 左右靠近胚芽鞘节上,开始长出第一层 4～6 条次生根,起初在 10～12 cm 土层内横向伸展,然后再向下深入土层。以后每长出 1～2 片叶,由下向上依次形成一层新的次生根。1 株玉米一般可生长 5～9 层次生根。各层次生根的发生顺序一般是当下层根形成之后,上层才能依次产生新根,同时当上一个节上将出现根爪时候,下一个节不再形成新根。次生根的数目,从下至上逐节增多。根的长度是自下而上逐层减短,通常上位节的根不仅数量多,直径也较大,但入土较浅;下位节的根数较少,较细,入土较深。

由于次生根是发生于茎节间的基部,而节间数又与品种的叶数有关。一般品种的总叶数越多，生育期越长，则茎节根的层次也越多。次生根总量的60%以上分布在0～20 cm土层中，入土深度可达40～100 cm。在干旱地上当玉米进入抽雄期后，次生根即停止生长，根系入土深度仅50～60 cm。初生根与次生根的连接部分叫根茎，又称地中茎。根茎长度与播种深度有关，不论播种深或浅，第一层次生根总是发生在离地面下3 cm左右深的表土层，播种越深根茎越长越细，所以在土壤水分充足时，播种不宜过深。

③支持根：支持根又叫气生根。在玉米拔节后到抽雄前，靠近地面上1～5个茎节上露生于大气中的根，也称气生根。支持根开始在空气中生长而后入土，入土浅而陡，形如支柱，根粗壮坚硬，直径0.5 cm，具有色素，表皮角质化，有胶质，厚膜组织特别发达，只有当根尖部分伸入土中的时候，才能产生根毛。支持根下伸接触土壤后即密生分枝。在空气湿度较高和营养条件较好的条件下，有利于支持根的发生及发展。支持根入土后与次生根同样有吸收水肥和合成氨基酸的能力。据研究，在玉米支持根中的氨基酸含量为茎、叶中的10～15倍，且氨基酸种类也较多。在植株抽雄时，植株干重增长最快、新陈代谢旺盛的时期，次生根负担不了合成全部氨基酸的任务，必须由气生根来发挥一部分合成作用。所以，使支持根早生多发，有利于玉米的良好生长。实践证明，在玉米进行培土时，将支持根埋入土中，能加强支持和吸收营养的作用。

(2)根的作用　玉米根系具有吸收、合成和固定支持等作用。

①吸收作用：根系除从土壤中吸收水分和矿物质营养外，也吸收有机营养物质，如氨基酸、酰胺、葡萄糖、蔗糖等，另外还吸收自由的二氧化碳，输送到地上器官，参与代谢过程。根系在土壤中的分布不同，吸收物质的数量有差异，玉米10～11片叶展开时，根的垂直吸收活跃层在10 cm，吐丝时在60 cm左右，蜡熟时在100 cm。

②合成作用：根系是合成氨基酸、有机磷化合物和多种生理活性物质的场所。这些物质参与植株代谢过程，对玉米生长发育有重要作用。玉米根系从土壤中吸收的硝态氮和氨态氮，可在根部转化为氨基酸、酰胺和含氮碱等有机化合物。根系将无机磷合成有机磷化物，如腺苷三磷、核糖核酸、核苷酸等，这些磷化物参与地上器官的生长发育与建成。

③固定支持作用：玉米植株比较高大，主要靠庞大的根系将其固定在土壤中，抵抗风雨袭击，防止倒伏。玉米生育中、后期起固定支持作用的根系，主要

是近地面 2～3 层地下节根和扎入土壤的地上气生根。

2. 玉米的茎秆

茎秆是玉米植株的中轴，也是主要骨架，贯通连接各器官，使叶片较均匀地分布在空间，生长状况对其他器官的建成和功能有重要的影响。玉米是高秆作物，茎秆高大粗壮。茎的高度因品种、土壤、气候和栽培条件不同而有很大差异。最矮的 0.5 m 左右，高的 4 m 左右，巨高类型可达 7 m 以上。一般按植株高度分为 3 种类型：低于 2.0 m 的为矮秆型，2.0～2.7 m 的为中秆型，2.7 m 以上的为高秆型。通常矮秆的玉米生育期短，单株产量低；高秆的生育期长，单株产量高。但矮秆型玉米具有田间通风透光性好、种植密度大的优点。所以选育优良矮秆品种或以适当栽培措施降低玉米株高，是提高玉米光能利用率、增加产量的有效途径之一。

(1)茎秆的生长　茎秆由节和节间组成。发育正常的种胚已分化出 5～6 个茎节。在植物学上盾片是第一叶，其着生处是茎的第一节，下胚轴为第一节间；胚芽鞘是第二片叶，着生处是第二节，称胚芽鞘节，第二节间为中胚轴。根、茎转位主要发生在第一节和第一节间，延续至第二节和第二节间。第一片真叶着生节位叫主茎第一节，胚芽鞘节和主茎第一节之间称第一节间。

①节间数量：节数因品种而异，少则十几个，多则三十几个。一般玉米有 15～24 个节，其中 3～7 个茎节位于地面以下。地下节密集，节间极短，地上节节间伸长。节间的长度，由基部到顶端渐次加长，但有些品种表现出上部节间比中部节间短，而节间的粗度逐渐减小。

②节间伸长：玉米茎秆在拔节后开始显著伸长，各节间由下而上依次伸长。其伸长速度在雄穗形成之前较慢，每天仅为 3 cm 左右；当雄穗进入小花分化期，茎的生长速度加快，每昼夜平均增长 4～6 cm；当雄穗进入花粉形成期，雌穗进入小花分化期，茎的生长速度最快，每昼夜可达 7 cm 以上，以后速度减慢，至散粉期停止。节间伸长有一定的顺序性和重叠性，即植株下部节间首先伸长，然后渐次向上。但在同一时期内，却有 2～3 个节间同时伸长，只是每个节间的生长速度不同，通常新展开叶着生的那个节间生长速度最快。每个节间从开始伸长到基本停止生长，一般需要 6～10 d，其中生长最快的需 2～4 d。

③节间粗度：茎秆粗度表现为基部最粗，由下而上逐渐变细，直径为 2～4.5 cm。

(2)茎秆的功能　玉米茎秆由表皮、机械组织、基本组织、维管束和髓组织组成,茎秆外部坚硬,髓部充实松软,富含水和营养物质。玉米茎秆有输导、支持和贮存等功能。

①输导功能:茎具有同时向上向下输送水分、无机及有机养分的作用。输导功能由维管束系统完成,其中木质部的导管和管胞输送水分及溶于水的各种养分,韧皮部的筛管及伴胞输送有机营养物质。

②支持作用:茎是玉米植株的中轴,主要是机械组织、维管束系统和表皮组织。承受着地上部分各器官的全部重量,还抵抗风雨的压力。

③贮存作用:玉米茎秆粗大,具有贮存有机养分的功能。抽穗开花以前,光合产物除满足植株生长发育需要外,其余暂贮于茎中,到花粒期,待籽粒发育时,再向籽粒中转移。

茎又是果穗发生器官和支持器官。茎具有向光性和负地性,当植株倒伏后,它又能够弯曲向上生长,使植株重新站起来,减少损失。茎基部节上的腋芽长成的侧枝称为分蘖。一般分蘖结穗的经济意义不大,但青饲玉米有多分蘖是高产的特征。

3. 玉米的叶

(1)叶的形态及结构　叶是玉米的同化器官,玉米的完全叶一般由叶身、叶鞘和叶舌三部分组成(图 3-5)。叶片互生,每个节上着生 1 个叶片。叶舌着生在叶片和叶鞘的连接处,是一层无色的薄膜片,紧贴茎秆,有防止尘土、雨水和生物侵入茎秆的作用。叶鞘较坚韧发达,紧包茎秆,有保护茎秆、支撑叶片和增强抗折断的作用,还有贮存养分的作用。叶片平行分布着多条叶脉,中间的一条粗大,是主脉,主脉两侧有若干条平行的侧脉。叶脉是运输物质的渠道。由于叶缘的薄壁组织生长比维管束快,因此叶缘常呈波浪形。多数叶片正面有茸毛,基部 1～5 片叶光滑无茸毛。叶片由上下表皮、叶肉和维管束组成,上下表皮都布满气孔,是植物进行气体交换、水分散失、喷洒农药和化肥进入叶片的主要通道口。上表皮有细胞壁薄、液泡大的大型细胞,叫运动细胞,可吸水膨大使叶片平展、挺直,也可失水缩小让叶片卷成筒状。每平方厘米面积上下表皮共有气孔器约 13630 个,其中下表皮 8000 个左右,上表皮 5630 个左右。上下表皮之间为叶肉组织,由薄壁细胞组成。

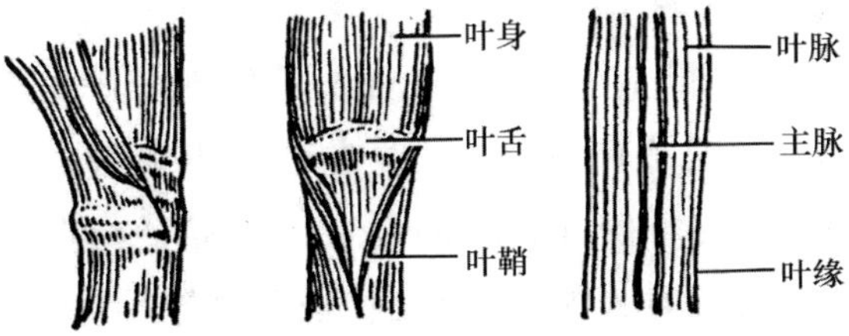

图 3-5　玉米的叶片

玉米植株中部叶片，尤其是果穗位叶，比其他叶气孔器密度大，多环叶肉细胞多，维管束较实较粗，叶绿体超微结构复杂和叶绿体含量高，这些都是果穗叶乃至“棒三叶”光合速率高的重要原因。

(2)叶的生长与功能。

①叶的生长：玉米种子成熟时，种胚已分化形成 5～6 片叶原基，其余叶是在苗期分化产生的。当前全国各地生产上利用的杂交种，大多有 13～25 片叶，生育期短的早熟品种通常为 13～16 片叶，中熟品种 17～19 片叶，生育期长的晚熟品种 20～25 片叶，同一个杂交种在同一地区种植，叶片数比较稳定，年际间变化很小。生产管理上对叶环从邻位的下一叶鞘中露出，叶片全部展开的叶称全展叶；而叶片只有部分伸出的叶叫可见叶。叶面积计算公式：单叶片面积＝叶长×叶最大宽度×0.75。

②叶的分组：玉米全株叶片可根据着生节位、特征和生理功能划分为 4 组：a.基部叶组，一般着生在地面下非拔长茎节上。叶面积、增长速度、干重和光合势均小，功能期短，多无茸毛。是从出苗至拔节期逐渐伸展形成的，叶片制造的光合产物主要供给根系生长，又称根叶组。b.下部叶组，着生在地面以上的数个拔长茎节上。叶面积、增长速度、干重、光合势均增长迅速，功能期长，叶片上有茸毛。是从拔节期至大喇叭口期伸展形成的。叶片制造的光合产物主要供给茎秆生长，其次是满足雄穗生长发育的需要，又称茎叶组。c.中部叶组，着生在果穗节及其上、下几个茎节上。叶面积、增长速度、干重、光合势均表现为大而稳，功能期长。本叶组是从大喇叭口期至孕穗期伸展形成的。叶片制造的光合产物主要供给雌穗生长发育，又称穗叶组。d.上部叶组，着生在雄穗以下的几个茎节上。叶面积、增长速度、干重、光合势均逐渐下降，功能期缩短。本叶组是从孕穗期至开花期伸展形成的。叶片制造的光合产物主要供给籽粒生长

发育,又称粒叶组。

③叶的功能:玉米叶的主要功能是进行光合作用、蒸腾作用,也有一定的养分运输功能。第一是光合作用。玉米是碳四作物,其光合作用具有光呼吸低、光饱和点高(10 万 lx)、光补偿点低(5000～10000 lx)的特点,净光合强度比碳三作物高。一般碳三作物在光呼吸中即消耗新合成光合产物的 25%～33%,而玉米却只消耗 2%～5%甚至更少。第二是蒸腾作用。这是玉米叶片的重要生理功能,对降低植株温度、促进根系吸收水分和矿质营养都有很大作用。叶的表皮能吸收溶于水的无机和有机物质。第三是养分运输。叶片合成的养分输送规律,一般正在生长的叶主要靠已展开叶供给;在穗期茎秆生长及雄穗分化所需要养分由下部叶片供给;雌穗分化发育主要由中部叶片提供养料;在花粒期籽粒形成与充实的营养物质来自中部及上部叶片。

4. 根茎叶生长的相互关系

(1)根层与叶片数的关系　一般出现第 3 片可见叶时,便从芽鞘节上发生第一层根;出现第 5 片可见叶时,发生第 2 层根;出现第 6 片可见叶时,发生第 3 层根;出现第 8 片可见叶时,发生第 4 层根。此后的各层根出现较慢。

(2)可见叶与展开叶的关系　当玉米植株的心叶抽出 1 cm 时,该心叶即为可见叶,如心叶为第 5 叶,则该株玉米的可见叶有 5 片。当上一叶的叶环展开(叶片与叶鞘交界处)抽出下一叶的叶环时,即这上一叶已展开,如这一叶为第 3 叶,则该株玉米的展开叶为 3 片。展开叶与可见叶的相差一般受出叶速度以及叶片、叶鞘本身生长情况所影响,通常在玉米生长的早期两者差数较小,生长后期差数较大。

(3)叶片、叶鞘、节间、根生长的相互关系　玉米植株的叶片、叶鞘、节间、根依次生长,相继达到生长的高峰或停止生长。一般在玉米拔节早期各器官生长相差 2～3 个节位,即当 n 节叶片定长时,$n-2$ 叶鞘定长,$n-4$ 节间定长,$n-6$ 根的数目不再增加。玉米生长后期各器官都在加速生长,无明显的同伸规律。

(二)玉米生殖器官的生长发育

玉米生殖器官有雄穗、雌穗,两种单性花序异位着生。玉米是典型的异花授粉作物,天然杂交率 95%左右。

1. 花序

(1)雄花序　又称雄穗,属圆锥花序,着生于茎顶部。雄穗主轴同茎秆相连,中下部生有分枝,一般为 5～24 个。主轴较粗,上部着生 4～11 行成对排列的小穗;分枝较细,仅着生两排小穗。雄花由 1 片内稃(内颖)、1 片外稃(外颖)及 3 个雄蕊组成。雄蕊花丝顶端着生黄绿色花药,雄蕊未成熟时,花丝很短,成熟后花丝伸长,内外颖张开,花药露出颖片,散出花粉,即开花(图 3-6 至图 3-7)。发育正常的雄蕊可产生大量的花粉丝,1 个雄穗有 2000～4000 朵小花,每朵小花有 3 个花药,1 个花药可产生 2500 粒花粉,1 个小穗约有 15000 粒花粉,1 个雄穗则可产生 1500 万～3000 万粒花粉。玉米雄穗抽出后 2～5 d 开花,开花后 2～5 d 为盛期,每天上午 7—11 时开花较盛,以 7—9 时最为集中。

图 3-6　玉米的雄花序

(2)雌花序　又称雌穗,属肉穗花序,结实后叫果穗。雌穗由叶腋的芽发育而成,着生穗柄顶端。玉米茎除上部 4～6 个节外,其他各节均可形成腋芽,一般粒用玉米茎基部 4～5 个节的叶芽不发育或长成分蘖,只在中部 1～2 个发育正常,形成果穗,表明玉米形成多个果穗的潜力很大。雌穗为变态的侧枝,雌穗柄为缩短的分枝茎,其节数多少因品种而不同,每节着生一个变态叶,叶片退化,仅有叶鞘,称苞叶,部分品种的苞叶仍长有小叶片(图 3-8)。

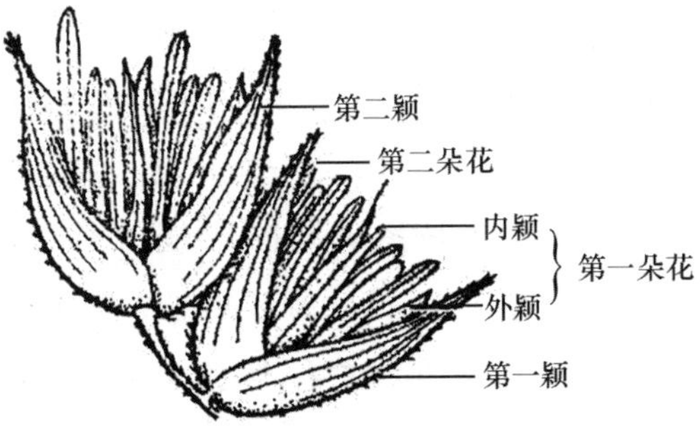

图 3-7　玉米的雄小花序

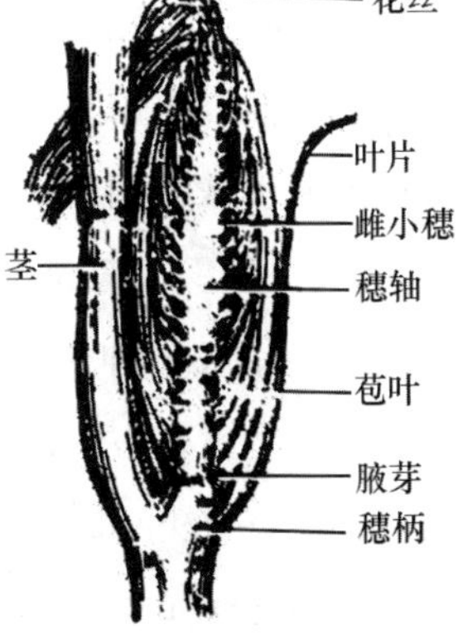

图 3-8　玉米雌穗的纵切面

果穗轴节极密，每节着生 2 个无柄小穗，成对双行排列，每个小穗有两朵小花，上花结实，下花退化，每个小花包括内、外颖和雌蕊及退化了的雄蕊，因此果穗的粒行一般为偶数。但是，有的成对小穗中的一个发育不良，或一个小穗的 2 朵小花都结实，使粒行不整齐或出现奇数。雌蕊由子房、花柱和柱头组成，一般花柱和柱头全称“花丝”(图 3-9)。

玉米雌穗抽出比雄穗稍晚，吐丝比雄穗开花晚 2～3 d，也有同时开花的。一般苞叶短、穗柄短、苞叶较松的品种吐丝性好。一株上生长双果穗、多果穗品种及自交系的雌花序往往早熟，吐丝较早。一个雌穗吐丝时间可延续 5～7 d，花丝长度一般为 15～30 cm，若数日得不到受精，可伸长达 50 cm 左右。花丝受精后即停止伸长，颜色变红，逐渐枯萎。若吐丝迟于散粉末期的小花，由于未授粉受精，就会造成秃顶或基部缺粒。

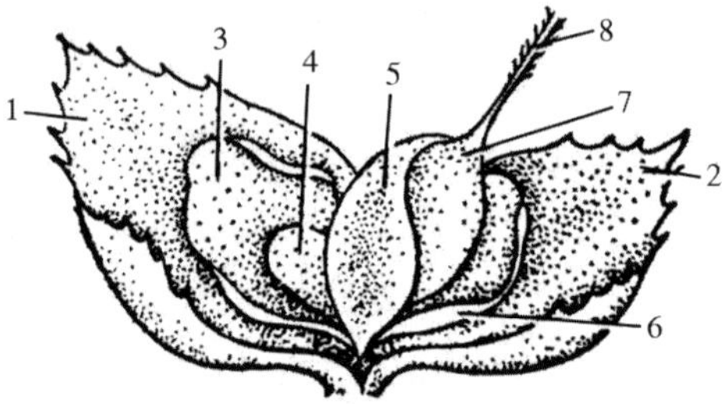

图 3-9　玉米的雌小穗花

1. 第一颖　2. 第二颖　3. 退化花外颖
4. 退化花内颖　5. 结实花的内颖
6. 结实花的外颖　7. 子房　8. 花柱

2. 雄、雌穗的分化发育

玉米雄穗和雌穗的分化发育，同生育期、营养器官生长及同化产物的运转分配有密切的关系。穗分化可分为生长锥伸长、小穗分化、小花分化和性器官发育形成四个时期。

(1)雄穗分化(图 3-10)　玉米茎顶生长锥在胚胎发育时已经形成，种子发芽出苗后，它继续分化茎节和叶原始体。生长锥在新的叶原基形成前，为直径逐渐加大的半球状圆锥体，新叶原基形成后慢慢变长变尖，变为圆锥体，然后再分化新的叶原基，又逐渐变细变尖。

①生长锥伸长期：雄穗开始分化的标志是茎顶端生长锥显著伸长，形成长度大于宽度、表皮光滑的圆锥体。从外部形态看，此时茎基部节间开始伸长，总长度 2～3 cm，即进入拔节期，植株叶龄指数 30％左右，生长锥的伸长是从营养生长转向生殖生长的开始，此过程延续 3～5 d。

叶龄指数＝全展叶片数/单株总叶数×100％

②小穗分化期：生长锥中部出现小穗原基，基部出现分枝原基是开始进入小穗分化期的标志。这时叶龄指数为 37%，每个小穗原基又分裂成两个小穗突起，较大的一个在上方，后来发育成有柄小穗；较小的一个在下方，将形成无柄小穗，该分化期延续 5～7 d。此期的营养生长条件决定花粉量的多少，在制种时要注意父本的营养供给。

图 3-10　玉米雄穗分化的主要时期

1. 生长锥未伸长期　2a—2b. 生长锥伸长期　3a—3d. 小穗分化期

4a—4c. 小花分化期　5a—5d. 性器官发育形成期

③小花分化期：生长锥中部小穗原基分化出两个大小不等的小花原基，是进入小花分化期的标志。雄穗在这一时期还表现为两性花，继续发育过程中则

雌花原始体逐渐停止发育并退化。在两个小花突起中，上部的一个发育为有柄花，下部的发育成无柄花，这时叶龄指数为47%左右，小花分化过程延续6～8 d。

④性器官发育形成期：雄蕊原始体迅速伸长，花粉囊中的花粉母细胞形成四分体，标志着雄穗分化进入性器官发育成熟期。穗轴节片迅速伸长，内外颖强烈生长，整个雄穗体积急剧增大。此时叶龄指数为60%左右，四分体进一步分化发育形成花粉粒，这一分化期延续10～14 d。

(2)雌穗分化(图3-11)　雌穗生长锥分化前是体积很小、基部较宽、表面光滑的圆锥体。在其基部分化节和节间，将来长成穗柄；每节分化叶原始体，将来形成苞叶。

①生长锥伸长期：生长锥显著伸长，长大于宽，表明雌穗开始分化，此时期大致与雄穗小花分化期对应，叶龄指数47%左右，可延续3～4 d。

②小穗分化期：伸长的生长锥上出现小穗原基，表明进入小穗分化期。小穗原基的分化是从雌穗的基部开始渐次向上进行的，属于向顶式分化。当生长锥基部和中部出现成对并列的小穗突起时，生长锥的顶部还是光滑的圆锥体，在条件适宜时，可继续分化出小穗裂片，并延续到以后几个分化时期。因此，给予充足的养分和水分，可以分化出更多的小穗，从而就有可能获得长大的果穗。所以这个时期(即大喇叭口期)应该猛攻肥水，叶龄指数为55%左右，延续4～6 d。

③小花分化期：雌穗中下部的小穗开始分化出两个小花原基，标志着进入小花分化期。此时叶龄指数为60%，到小花分化末期，雄蕊退化消失，雌蕊原始体迅速生长。可见玉米雌花序在小花分化期也是两性花，到末期雄蕊退化，雌蕊长大形成单性雌花序。所以在田间偶尔能见到雄穗上着生雌花，有的也结籽粒，也可见到雌蕊上出现雄花的"返祖现象"。小花分化期一般延续7 d左右。

④性器官发育形成期：雌穗中下部小花雌蕊的柱头逐渐伸长，顶端出现分叉和茸毛，子房长大，胚珠分化，胚囊卵器发育成熟。这时雌穗迅速增长，不久花丝从苞叶中伸出，叶龄指数为80%左右，延续6～9 d。此时期肥水和阳光充足，无论对内部性器官的分化和继续发育，还是外部茎叶的生长和维持最大叶面积都有很大的作用。

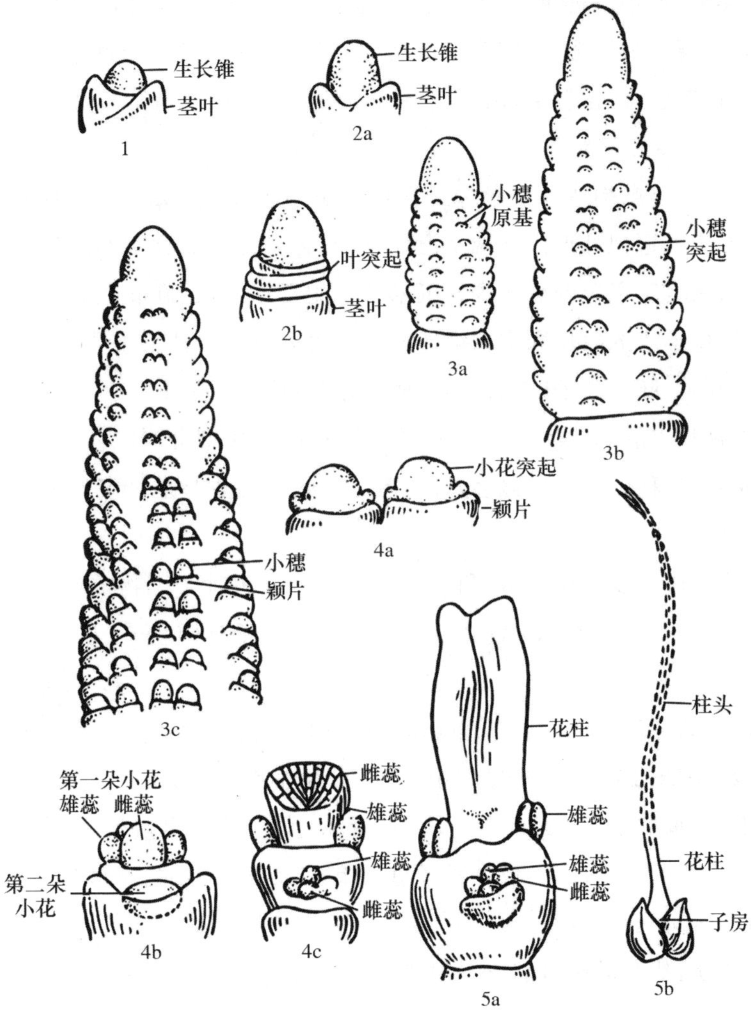

图 3-11 玉米雌穗分化的主要时期

1. 生长锥未伸长期 2a—2b. 生长锥伸长期 3a—3c. 小穗分化期

4a—4c. 小花分化期 5a—5b. 性器官发育形成期

(3)雌穗生长 玉米雌穗从生长锥伸长到开始分化花丝，雌穗长度增长很慢，花丝开始分化时，雌穗长度仅占其最大长度的 7.6%左右。花丝分化到吐丝后 4 d，雌穗伸长速度很快，尤其在吐丝前 4 d 内增长量最大，平均日增长 13 mm 左右，吐丝时长度已达最大长度的 60%左右，吐丝后 10 d 达到最大长度。吐丝前后各 4 d 内，是雌穗临界伸长期，是决定雌穗大小和能否发育成有效果穗的关键时期。授粉后 12～32 d，是决定果穗干重的关键时期。

果穗类型：玉米果穗可分为长筒形、短筒形、长锥形、短锥形 4 种。马齿型玉米品种，果穗多为筒形，硬粒型玉米品种，多为锥形。玉米理想株型的果穗应为长筒形，苞叶适宜，穗轴细，出籽率高，穗行数多，千粒重高。

3. 种子及其发育形成

(1)种子的形态构造　玉米种子在植物学属果实(颖果)，通常叫种子或籽粒。种子形态有近似球形而顶端平滑的，也有籽粒扁长而顶端凹陷的。籽粒颜色有黄、白、紫、红、黑及花斑 6 种。玉米种子主要由皮层、胚和胚乳组成。皮层包括由子房壁形成的果皮和由珠被形成的种皮，无色，占种子重量的 6%～8%。胚由胚芽、胚轴、胚根和子叶(盾片)组成，占籽粒重量的 10%～15%。胚乳位于皮层内，占籽粒重的 80%～85%。种子与穗轴的连接部分叫"尖冠"，脱粒时一般留在种子上。种子去掉尖冠会露出"黑层"，它的形成是玉米籽粒生理成熟的重要标志之一。

种子营养成分以淀粉最多(甜玉米种子除外)，占种子干物重的 70%左右，蛋白质占 9%～11%，油分含量为 4.1%～5.2%，还有维生素、矿物质和纤维素等。

(2)种子的发育形成　从雌穗吐丝受精到种胚具有发芽能力为种子形成过程，一般历时 12～15 d。在此过程中，以胚分化发育为主，干物质积累缓慢，灌浆速度平均为每粒 1.5 mg/d 左右，过程后期，干物质积累量达成熟时粒重的 5%～10%。种子成熟过程，依据种子胚乳状态及含水率的变化，分为乳熟期、蜡熟期和完熟期三个时期。

①乳熟期：从胚乳呈乳状开始到变为糊状结束，历时 15～20 d。一般早熟品种从授粉后 12 d 起到 30 d 或 35 d 止，晚熟品种从授粉后 15 d 起到 40 d 左右结束。玉米授粉 30 d 左右，籽粒顶部胚乳组织开始硬化，与下面乳汁状部形成一横向界面，称为乳线，乳线出现叫乳线形成期。这时籽粒含水率为 51%～55%，籽粒干重为成熟时的 60%～65%。

②蜡熟期：从胚乳成糊状开始到蜡状结束，一般需要 10～15 d。早熟品种由授粉后 30 d 或 35 d 起，到 40 d 或 50 d 止；晚熟品种从 40 d 起至 55 d 结束。这一阶段的籽粒处于缩水变硬阶段，含水量变到 40%以下，籽粒和果穗的体积略有缩小，马齿型玉米籽粒的顶部微见凹痕。

③完熟期：籽粒从蜡熟末期起干物质积累基本停止，经过持续脱水，含水率

下降到 30%左右。此时籽粒变硬，乳线下移至籽粒基部并消失，黑层形成，皮层出现光泽，呈现品种特征，苞叶变干、膨松。

（3）籽粒类型　普通玉米籽粒根据外观形状，可以分为硬粒型和马齿型，以及介于二者之间的中间型。①硬粒型。籽粒近圆形，坚硬饱满，有光泽，顶部及四周的胚都是角质淀粉，仅中部有少量的粉质淀粉，品质优良，产量一般不如马齿型玉米高。②马齿型。籽粒长而扁平，顶部和中部为粉质淀粉，仅两侧有少量角质淀粉。成熟时顶部粉质胚乳缩水凹陷成为马齿状，不透明，品质比硬粒型差，产量高，晚熟。③中间型。介于硬粒型和马齿型之间，籽粒顶部凹陷程度比马齿型浅，产量较高，品质比马齿型好。

（三）玉米的株型

随着玉米生产水平的不断提高，根据生产发展需要，我国农业科技工作者自 20 世纪 70 年代开始，从育种及栽培上对玉米株型进行了试验研究。20 世纪 80 年代以来选育并应用了一批株型紧凑的玉米品种，使玉米生产水平上了新台阶。

1. 株型分类

（1）株型概念　株型是植株在空间的存在样式。20 世纪 50—70 年代，曾用高秆、大穗、松散，矮秆、小穗、叶片挺拔、植株青秀或棵大秆粗、叶片下披等表述株型；70 年代后期，逐渐以茎秆、叶片、雄穗、雌穗等器官形态和着生姿态为主确定株型。

（2）分类标准　玉米株型以茎叶夹角、叶向值为分类标准。

①茎叶夹角：指叶片与茎秆垂直方向的夹角，是叶片上冲或倾向直立程度的指标之一。一般茎叶夹角越小，叶片越上冲；夹角越大，则越趋向水平。茎叶夹角与叶片遮阳面积密切相关，是决定群体透光和受光态势的重要依据。茎叶夹角越大，叶片越水平着生，遮阳越重；反之茎叶夹角越小，叶片越上冲，遮阳越轻。

②叶向值：表示叶片挺拔、上冲和在空间下垂姿态程度、截光多少的综合指标。叶向值大，群体内透光性好；反之，叶向值小，群体内透光性差。

（3）株型类别　依据茎叶夹角、叶向值的大小，把玉米株型划分为 3 种类型。①紧凑型。该类型玉米植株形态紧凑，穗位以上叶片直立上冲，叶片与茎秆之间的夹角平均小于20°，叶向值大于300，叶片上举直立；穗位以下叶片与茎秆夹角小于35°，叶向值大于50。植株上部叶片短，中部叶片长，下部叶片较短。②半紧凑型。该类型玉米的植株形态比较紧凑，穗部以上叶片较上举直立，叶片与茎秆之间的夹角平均在25°～35°，叶向值为35～50，叶姿较直立上举；穗位以下叶片平均茎叶夹角为35°～50°，叶向值为20～30，叶姿较平展。③平展型。该类型玉米的植株形态比较松散，穗位以上叶片平均茎叶夹角大于35°，叶向值小于35，叶尖下垂，叶片成拱形；穗位以下叶片平均茎叶夹角大于50°，叶向值小于20，叶姿平展下垂。

2. 株型利用

研究玉米株型的目的，就是要合理地开发应用，挖掘出生产潜力，夺取玉米高产。

(1)紧凑型品种　利用其适宜密植、群体透光性好、光能利用率高、光合产物积累多、经济系数高的优势，在种植密度上增加30%左右，配套较高的肥水条件，才能夺取高产。

(2)半紧凑型品种　利用其营养生长期弹性较大、单株生产力高的优势，在套种或间作条件下，走穗大夺高产的路子。

三、玉米的生长环境条件

玉米生长发育所需的主要环境条件有温度、光照、水分、矿物质养分及土壤等，了解玉米生长发育与环境条件的关系，是运用农业措施，调控植株生长，培育壮苗，实现高产、优质、低耗的重要依据。

(一)环境条件

1. 温度

玉米是喜温作物，在不同生长发育时期，均要求较高的温度，以10 ℃作为生物学零度，高于10 ℃的温度才是有效温度。

(1)播种至出苗期　玉米种子在6～7 ℃时开始萌动发芽，但发芽慢，易发生烂种现象，一般在10 ℃以上发芽正常，最适宜的温度为25～28 ℃，10～12 ℃时发芽稳健。因此，生产上一般以地表5～10 cm土温稳定在10～12 ℃时为春播玉米的始播期。东北寒冷地区为抢墒适期早播，多数地方在5～10 cm土温稳定在 8～10 ℃时顶凌整地播种；西南高寒山区和西北冷凉地区，地膜覆盖栽培，也抢在表土层地温稳定通过 8～10 ℃时播种。

(2)出苗至开花期　玉米从出苗到开花，生长发育的速度决定于温度的高低。根系生长最适宜的温度为 20～24 ℃，4.5 ℃以下停止生长。茎秆生长最适宜温度为 24～28 ℃，最高 32 ℃，12 ℃以下停止生长；叶片生长最适宜温度为 25～27 ℃，最高为 30～33 ℃，10 ℃以下停止生长。玉米幼苗在 4～5 叶前有一定的耐低温能力，短时间－3 ℃的低温霜冻对幼苗生长无明显危害，但－4 ℃低温持续 1 h 以上，幼苗就会遭受严重冻害，甚至造成死亡。5 片叶之后抗寒性逐渐降低，6 片叶时生长点仍然在地面以下，轻微的冻害不至于冻死生长点。如果 6 片叶以后再遇到霜冻，生长点已经长出地表，就不能抵抗霜冻了。总之，温度低于 3 ℃或高于 40 ℃，都会抑制幼苗的生长。

(3)抽穗至授粉期　玉米抽雄、吐丝至授粉期，对温度的要求极为敏感。此时期最适宜的日平均温度为 25～27 ℃，低于 18 ℃和高于 35 ℃雄花不开放。在 28～30 ℃的温度和 65%～80%的相对湿度条件下，花粉生活力只能维持 5～6 h，8 h 后生活力即明显下降，24 h 后完全丧失生活力；温度高于 32～35 ℃，相对湿度接近 30%时，散粉后 1～2 h，花粉即迅速干枯，失去发芽能力，花丝也容易枯死而降低活力。

(4)籽粒灌浆期　要求日平均温度为 22～24 ℃。昼夜温差大有利于干物质的积累和籽粒灌浆。低于 16 ℃影响营养物质的转运和积累。玉米成熟后期，当温度低于 3 ℃时即停止生长；遇到－3 ℃的寒潮，在果穗籽粒尚未成熟而含水量很大时就会受冻失去发芽力。

2. 光照

玉米属短日照、高光效、碳四作物。在短日照条件下发育较快，长日照条件下发育缓慢。一般在每天 8～9 h 光照条件下发育提前，生育期缩短；在长日照(18 h 以上)条件下，发育滞后，成熟期略有推迟。早熟品种对光周期反应轻弱，晚熟品种反应较强。如果出苗后长期处于短日照条件下，就会使植株矮小，提早抽雄开花而降低产量，并常会出现雄穗上长雌花的现象，干旱和短日照共同作用则更加明显。温带品种引入热带就会表现这种情况。反之，如果出苗后长期处于长日照条件下，也会使玉米植株高大，茎叶繁茂，叶片数增多，抽雄开花期推迟，甚至不能开花。热带品种引入温带种植，就会表现出这种情况。

光是玉米进行光合作用的能源，通过有机物质的合成及供应而影响植株的生育状况。在强光照条件下，合成较多的光合产物，供应各器官生长发育，茎秆粗壮坚实，叶片肥厚挺拔。玉米需光量较大，光饱和点在 100000 lx 以上，光补偿点为 500～1500 lx。在此范围内，光合作用强度随光照强度增加而增加。光强度如低于光补偿点，则合成的有机养分少于呼吸消耗量，入不敷出，植株生长停滞。

玉米不同生育时期对光照时数的要求有差异，播种前到乳熟期为 8～10 h，乳熟期至完熟期应大于 9 h。雌穗比雄穗的发育对日照长度要求更严格，许多低纬度的品种，引到高纬度地区种植能够抽雄，但雌穗不能抽丝。玉米籽粒积累的干物质 90%左右是植株在扬花以后形成的。

3. 水分

水分是决定玉米生命活动的重要因素。有了水，玉米叶片才能进行光合作用，制造各种有机物质，根系才能从土壤中吸收氮、磷、钾等矿物质元素。矿物质元素在植株内的运转、分配和合成有机物质的过程，都必须在水分充足的条件下才能正常进行。水分还可以通过叶面积蒸腾来调节植株的体温，玉米的蒸腾系数一般在 250～320 g，即制造 1 kg 干物质需耗水 250～320 g，生产 1 kg 玉米籽粒要耗水 0.664 m^3。春玉米一生耗水量为 200～240 m^3，夏玉米一生耗水量为 120～240 m^3。

玉米种子萌发时，全部膨胀需要的水量占种子绝对重量的 48%～50%，土壤持水量应在 60%左右。玉米播种出苗最适宜的田间持水量为 65%～70%，低于 50%出苗困难。出苗到拔节田间持水量保持在 60%左右，有利于促进根系生长发育，茎秆粗壮。玉米抽雄前 10 d 至抽雄后 20 d，是玉米需水的临界期，此期田间持水量一般保持在 75%～80%，玉米高产田应达到 80%，若低于 60%，就会造成“卡脖旱”而不能正常抽雄散粉或吐丝，造成严重减产。乳熟末期到蜡熟期，田间持水量应保持在 75%左右。玉米受精后的灌浆期大量的物质向籽粒运输，仍然需要较多的水分。蜡熟到完熟期需水量虽减少，为防止植株早衰，田间持水量也应保持在 65%左右，不能低于 45%，这样才能确保穗大、粒多、粒饱、高产。

（二）土壤营养

玉米生长发育需要有适宜的土壤环境、良好的矿物质营养条件作保证。土壤是玉米扎根生长的场所,为植株根系生长发育提供水分、空气及矿物质营养。

玉米对土壤空气的要求比较高,适宜土壤空气容量一般为30%,土壤空气最适宜含氧量为10%~15%。因而,土层深厚,结构良好,肥、水、气、热等因素协调的土壤,有利于玉米根系的生长和肥水的吸收,根系发达,植株健壮,高产稳产。据研究,沙壤土、中壤土和壤土容重比黏土低,总空隙度和外毛管孔隙度大,通气性好。

玉米生长所需的营养元素有20多种,其中氮、磷、钾3种属于大量元素,钙、镁、硫3种属于中量元素,锌、锰、铜、钼、铁、硼及铝、钴、氯、钠、锡、铅、银、硅、铬、钡、锶等属于微量元素。玉米植株体内所需的多种元素各具特长,同等重要,彼此制约,相互促进。

玉米所需的矿质营养主要来自土壤和肥料,土壤有机质含量及供肥能力与玉米产量密切相关,玉米吸收的矿质营养元素60%~80%来自土壤,20%~40%从当季施用的肥料中吸收。

玉米对土壤酸碱度(pH)的适应范围为5.0~8.0,以6.5~7.0最适宜。

四、玉米的产量形成

玉米的产量形成,与干物质的积累和分配有密切关系;产量的高低,则取决于产量容积(库)的大小以及产量内容(源)的供应状况,同时还受光合产物运转速度(流)的制约。因此,改变种植制度,加强肥水管理,协调营养物质的供应矛盾,培育壮苗,促进繁茂营养体的形成,以提高光合产物制造量,才能充分发挥玉米的增产潜力。

(一)玉米产量构成因素的形成过程

要获得玉米高产,一是光合产物的供应充足,即“源”要足;二是籽粒能容纳较多的光合产物,即“库”要大;三是将光合产物运送给籽粒库的运转系统通畅,即“流”要畅。

1. 源

光合产物的供应是籽粒产量形成的根本来源。在籽粒产量形成过程中,源的重要作用表现在两个方面:一是为库的建成提供了物质基础,光合产物供应充足时,库的数量、大小明显增加;二是为库的充实提供了物质保证,光合产物充足时，建成的库能够迅速充实，反之则穗小、粒瘪甚至败育。因此，一般认为影响当前玉米产量提高的限制因素是同化物的供应，即源的不足。

2. 库

玉米库的能力和库强度（籽粒多少、大小和代谢活性）在产量形成中起着重要作用。库的强度直接决定干物质在籽粒中的贮存数量和分配比例。库的强度高，同化物转化为籽粒产量潜力大。库的强度对光合源也有很大的反馈调节作用。库强度大能促进光合速率的提高，反之则削弱。库的强度控制着灌浆速度。在籽粒灌浆期间，如果光合作用受到严重抑制，籽粒能从其他器官得到一定有机物质，维持一定的灌浆速度。试验证明，在低产条件下，灌浆期间的同化物是供不应求的。因此在某种条件下，库也可能成为限制产量的主要因素。

3. 流

源与库之间的输导系统是物质运输的通道，其运输效率对产量起重要作用。从光合源制造的有机物装载进入叶脉韧皮部，通过叶柄、叶鞘和茎的运输，然后进入籽粒卸载，这一过程都有可能因不同原因而受到阻碍。如干旱、高温、低温等逆境因素都可能降低灌浆速率。对流的研究相对较少，大多数试验证明，输导系统对玉米籽粒产量影响不大，说明正常条件下的运输能力能够满足籽粒灌浆的要求。

（二）玉米产量形成的调控

要提高单位面积产量，一方面必须积累更多的干物质，取得较高的生物产量；另一方面要使积累的干物质尽可能多地转移分配到籽粒中去。玉米的经济产量与生物产量呈显著正相关。玉米的经济产量不仅取决于生物产量，也取决于经济系数。生产中经济系数为0.3～0.5。在一般情况下，生物产量随种植密度增加而增加，达到一定密度后，生物产量不再增加或增加较少，而经济系数和产量则随种植密度的增加而有降低的趋势。

第三节　玉米集成栽培技术

我国玉米栽培技术，是随着时代和科技的进步而不断向前发展的，每一次改革创新都由传统栽培方式向现代化的栽培技术转变,促进玉米集成栽培技术的不断完善和提高。围绕抓好玉米生产,结合当地实际情况,制订出切实可行的种植计划,选用适宜当地推广的优良杂交玉米品种,测土配方施肥,适期精细播种,因苗科学管理等,努力夺取玉米高产丰收和高效收益。

一、玉米生产备耕

(一)制订生产计划

一个区域、一个县(市、区)、甚至一个家庭,发展玉米生产,要提前做好计划,根据当地自然气候、土壤肥力、种植制度、市场对玉米需求数量、耕种条件等,制订出切合实际的玉米生产种植计划。

1. 依据玉米市场需求拟定种植计划

玉米市场需求,是一个动态变化的数量,虽然受多种因素的影响,但是市场变化是有规律可循的,在一个地区来说,一般情况下,把用于人的口粮、畜牧养殖的饲料粮、食品加工用粮等消费数量,以及库存备用数量算清楚,再把上年度玉米生产数量、进口量摸清楚,就可以知道玉米的供求情况。然后依据供求情况、市场变化,制订出本地区玉米生产发展计划。特别是鲜食玉米,准确判断市场供求情况,周密制订生产计划尤为重要。

商品经济时代,全球是一个大市场,首先要分析国际玉米贸易市场,重点是美国、巴西、阿根廷等出口玉米比较多的国家的玉米生产、消费与贸易情况。其次是国内玉米生产情况。主产区黑龙江、吉林、辽宁、内蒙古、山西、山东、河北、河南等,玉米自给有余,每年向外调出一定的商品玉米数量;四川、重庆、贵州、云南、广西、陕西、甘肃、宁夏、新疆和安徽等基本上能自给自足;江苏、浙江、福建、江西、湖北、湖南、广东、海南、上海、北京和天津等玉米自产数量少,供求缺口比较大,每年需要从北方主产省调进和国外进口,满足市场供应。

2. 根据所处地理位置做好分区种植计划

制订玉米生产计划时,要立足于稳定种植面积,在确保商品玉米供应数量的基础上,适当调整玉米品种与品质结构。北方春玉米区、黄淮海夏玉米区和西南山地玉米区,是我国三大玉米主产区,应稳定玉米种植面积,因地制宜发展特用玉米;西部地区,粮食供求有缺口的地方,要发挥玉米生产优势,确保玉米面积不减少，加快发展优质食用玉米；南方丘陵平原地区，玉米供不应求，要因地制宜扩大玉米种植面积，缓解市场供不应求的压力。

（二）依据当地生产条件制订玉米产量指标

在制订玉米产量指标时，必须依据当地的自然气候、土壤性质、劳力、机械、物质投入等条件，制订出本地玉米产量指标。

1. 自然气候条件

我国北方玉米产区，地处北纬 35°～45°，与北美洲和欧洲玉米带的地理气候条件基本相似，一年种植一季春播玉米，玉米生长期间温、光、水同季，尤其是玉米灌浆期内，光照充足，有利于光合作用制造干物质，昼夜温差大，有利于干物质积累并向穗部运输，加之秋高气爽，病虫害发生少、为害轻，最适宜发展玉米生产，玉米高产稳产。

在北纬 25°～34°为玉米生产较适宜地区，这一地理区域，温度较高，雨量较多，光照较充足，对玉米生长发育较为有利。但是，该区域春季寒潮频繁，夏季大风暴雨较多，玉米灌浆结实期常受干旱、暴雨、冰雹等为害，有的地区，如武陵山山地玉米区，雨雾太多，光照不足，空气湿度大，易造成玉米病害发生，玉米生产年际之间很不稳定。

在北纬 25°以南地区（高原除外），气温高，降雨多，玉米生育期短，灌浆结实昼夜温差小，光合物质消耗多，积累的少，玉米产量较低。

2. 土壤肥力条件

我国土壤工作者对土壤肥力的定义是土壤物理、化学和生物学特性的综合反映。土壤肥力有自然肥力和人为肥力，这里所说的土壤肥力条件，指的是在耕作、施肥、灌溉及其他技术措施等人为因素影响作用下，所产生的耕作化过程发育而来的肥力。

（三）依据玉米生产效益拟定投入成本

玉米生产效益的构成，是由经济产量乘以每千克玉米价格，加上副产品产量乘以每千克的价格，扣除投入的物质费用和劳、畜、机费用等总生产成本，得到的才是玉米生产的经济效益。

1. 玉米经济效益计算

（1）玉米生产产值　2020 年，全国种植业产品成本与收益统计，玉米主产品每公顷玉米产值=(主产品产量 7539 kg×单价 2.31 元=17415.09 元)+副产品产值 391.5 元=17806.59 元。

(2)玉米生产成本　每公顷总成本 16202 元,包括两大项:①生产成本 12458 元(含物资与服务费用 5888 元、人工成本(家庭用工折价、雇工费用)6570 元;②土地成本 3744 元(流转地租金 552 元和自营地折租 3192 元)。

(3)玉米生产效益　每公顷纯收益=产值 17806.59 元-总成本 16202 元=1604.59 元。

2. 拟定生产投入

制订玉米生产投入计划时,要因地制宜考虑种植制度、土壤质地、栽培方式、劳畜机条件、玉米单产、经济效益最大化等因素。

(1)种植制度　有一年一熟、一年两熟和一年三熟,包括连作净种和套作。一年一熟地区是玉米高产区,土壤冬季深耕,可以加大底肥施用比例,以 70%为宜;一年两熟或三熟制地区,可采取底肥与追肥各 50%为宜。

(2)土壤质地　壤土,土层深厚的地块,保肥保水能力强,底肥的施用比例可以大一些;沙土,土层浅薄的地块,保肥能力差,以底肥与追肥各 50%为宜,追肥采取少量多次。

(3)栽培方式　露地栽培(育苗移栽),底肥与追肥的比例以 60%∶40%为宜;地膜覆盖栽培的地块,底肥与追肥的比例以 70%∶30%为宜。

二、选用玉米良种

农作物品种具有较强的区域性,玉米虽然适应性比较广泛,但由于我国地域广阔,南北气候和生态条件差异大,因而要选择适宜当地种植的高产、优质、抗逆性强的杂交玉米品种。

(一)品种选择的原则

1. 合法

玉米是《中华人民共和国种子法》规定的主要农作物,品种推广必须经过国家或省级品种审定委员会审定。不能选择未经审定的试验品种的种子。这些品种性状不稳定,未经适应性试验示范,风险性很大,很容易造成减产和品质降低。种子质量符合《粮食作物种子　第 1 部分:禾谷类》(GB 4404.1—2008)中玉米种子标准要求。

2. 安全

选择适应当地气候条件，保证能够正常成熟的品种。根据当地的热量、无霜期等资源条件，选择能够安全成熟、并不影响下茬作物适期播种的玉米品种。热量资源充足、无霜期较长的地区，宜选用生育期较长、产量潜力大的晚熟或中晚熟玉米品种；热量资源较差的地区，宜选用中熟或早熟品种。

3. 高产

选择适宜当地耕地土壤条件的品种。丘陵、岗地温度高，肥水条件好的，宜选择生育期长的晚熟品种；平地温度较高，水肥条件一般的地块宜选择中晚熟品种；洼地温度低、易积水，或肥力差的地块，宜选择中早熟品种；其次是选择适宜当地生产管理条件的品种。农作物是“三分种，七分管”。生产管理精细的地方，选择产量潜力大的品种；管理粗放的地方，选择稳产性比较好的品种。

4. 优质

根据市场需求，选择不同类型品质优良的品种。用于人们生活需要食用的玉米，选择蛋白质含量高的硬粒型品种；用于养殖业作饲料的玉米，选择脂肪和赖氨酸含量比较高的品种；用于乙醇生产的玉米，选择淀粉含量比较高的品种。

5. 抗灾

选择抗御自然灾害和生物灾能力比较强的品种。玉米茎秆高，最怕中后期遇风雨倒伏，宜选择株型紧凑，茎秆粗壮，果穗位低的品种；在常发病虫害的地方，要选择抗耐病虫害性强的品种。

（二）推广的品种

1. 全国推广面积较大的品种

根据全国农业技术推广服务中心《2020年全国农作物主要品种推广情况统计》，全国杂交玉米品种推广面积比较大的品种有郑单958、京科968、先玉335、登海605、裕丰303、中科玉505、浚单20、伟科702、联创808、隆平206、东农254、天农九、德美亚1、华兴单7号、翔玉998、大丰30、嫩单18、蠡玉16号、龙育11、德单5号、农大372、良玉99、豫安3号、德美亚3、郑原玉432、合玉25、正大12号、登海618、优迪919、迪长653等。

2. 推广潜力较大的品种

(1)北方春玉米区　推广面积较大和具有推广潜力的玉米品种有先玉 335、翔玉 998、优迪 919、京科 968、良玉 99、富民 985、天育 108 等。

(2)黄淮海夏玉米区　推广面积较大和具有推广潜力的玉米品种有京科 728、农大 678、中单 153、登海 1717、登海 187、汉单 777 等。

(3)西南玉米产区　推广品种面积较大和具有推广潜力的玉米品种有川单 99、豪单 398、惠民 380、敦玉 810，福玉 1388、康农玉 007、康农王 108 等。

(4)西北玉米产区　推广品种面积较大和具有推广潜力的玉米品种有 MC703、九圣禾 2468、陕单 650、瑞普 909 和联创 825 等。

(三)种子处理

在做好精选种子、发芽试验的基础上，要进行晒种和药剂拌种等。

1. 晒种

晒种 1～2 d，对增加种皮透性和吸水力，提高酶的活性，促进呼吸作用和营养物质转化均有一定作用。晒种后可提高种子发芽率、田间出苗率，可早出苗 1～2 d，并有利于苗齐、苗全。

2. 药剂拌种

可根据当地常发生的病虫害，确定使用药剂类型。对地下害虫如金针虫、蝼蛄、蛴螬等，可用 50%辛硫磷乳剂，用药量为种子量的 0.1%～0.2%，用水量为种子量的 10%，稀释后进行药剂拌种，或进行土壤处理；或用毒饵、毒谷等，播种时撒在播种沟内。

3. 种子包衣

包衣剂由杀虫剂、杀菌剂、复合肥料、微量元素、植物生长调节剂、保水剂和成膜物质加工制成，能够在播种后起到抗病、抗虫、抗旱，促进生根发芽的作用。包衣的方法有两种：一种是机械包衣，由种子公司集中进行，适用于大批量种子处理；另一种是人工包衣，即在圆底容器中按药剂和种子的适宜比例，边加药边搅拌，使药液均匀地涂在种子表面。

三、整地和施基肥

根据种植季节、种植方式进行翻耕整地和施用基肥，为玉米播种、种子萌发和幼苗生长创造良好的土壤环境。

（一）整地

高产玉米对土壤条件的要求：一是土层深厚结构良好。玉米根系垂直深度达 1.5～2.0 m，水平分布在 1.0 m 左右，要求土层厚度在 80 cm 以上，耕作层具有疏松绵软、上虚下实的土体构造。熟化土层渗水快，心土层保水性能好，抗涝、抗旱能力强。土壤大小孔隙比例适当，疏松通气性湿而不黏，干而不板。二是耕层有机质和速效养分含量高。土壤速效养分含量高且比例适当，养分转化快，并能持续均衡供应，玉米不出现脱肥和早衰。

1. 春玉米整地

春玉米地以冬闲为主，应在前茬作物收获后进行秋季深耕，既可以翻埋秸秆、熟化土壤、积蓄雨雪、沉实土壤，又可以使土壤经冬、春冻融交替后耕层松紧度适宜，保墒效果好，有效肥力高。有条件的地方，结合秋季耕地施入有机肥，效果更好。高产玉米深耕应达到 23～27 cm，具体深度还要视原来耕层深度和基肥用量灵活掌握。秋耕宜早不宜晚，但对积雨多、低凹潮湿地、土壤耕性差、不宜耕作的地块，可在早春耕地。春季整地，要求尽量减少耕作次数，来不及秋耕必须春耕的地块，要结合施基肥早春耕，深度宜浅些，并做到耕翻、旋耕、耙压作业环节紧密结合，防止跑墒。

2. 夏玉米整地

夏玉米生育期短，争取早播是高产的关键，一般不要求深耕。因为深耕后土壤沉实时间短，播后出苗遇雨土壤塌陷，易引起断根及倒伏。深耕后土壤蓄水多，遇雨不能及时排除，易引起涝害，发生黄苗、紫苗现象。目前夏玉米整地有 2 种方法：①全面整地，即前茬收获后，用旋耕机全面旋耕 1～2 遍，旋耕深度 15 cm 左右。②局部整地，前茬作物收获后，不耕整、不灭茬，直接免耕抢季节、抢墒情播种玉米，玉米出苗后，在行间施肥、旋耕灭茬。

（二）施肥

玉米是一个高产与需肥较多的作物，要获得高产，要先弄清楚玉米生长发育所需要的营养元素及其数量，然后对土壤进行测定，摸清楚土壤所含营养元素有多少可供玉米吸收利用，再依据玉米产量目标，做到因土配方，适时适量，经济用肥，提高肥料利用效率。

1. 玉米需肥规律

玉米在生长发育过程中，吸收二十多种营养元素，形成各种有机物质，组成玉米的有机体。

(1)营养元素同等重要　必需的营养元素，在玉米植株体内不论数量多少，都是同等重要的，任何一种营养元素的特殊功能，都不能代替其他元素，这就是营养元素的同等重要不可替代规律。玉米生长发育对各种营养元素的吸收需求是有一定比例的，这一比例是由其本身的营养特性所决定的，虽然对大量元素的需求多于微量元素，但缺少某种微量元素的供应，同样会影响植株的正常生长，最终影响产量和品质。

(2)学会使用最小养分律　最小养分律是人们在长期的生产实践中，在认识土壤养分与作物产量关系的基础上，不断完善总结出来的科学施肥定律。就是农作物为了生长发育需要吸收各种养分，但是决定作物产量水平的是土壤中相对含量最小的那一种营养元素，如果忽视这个限制因素的存在，即使增加其他营养成分，也难以再提高作物产量。为了使这个指导合理施肥的理论更加通俗易懂，可以用装水的木桶来说明这个道理。

土壤养分库好比一个装水的木桶，由 16 块木板构成，每块木板代表土壤中的一种营养元素，木板高度代表养分相对供应程度，木桶装水量的多少表示作物的产量水平。如果土壤缺氮，氮素就是最小养分，代表氮素的木板就比其他木板短一些，装水量超过代表氮素的木板高度，水就会自然流出，要想提高玉米产量，必须提高氮素木板的高度。最小养分律指出三个要点：①决定玉米产量高低的是土壤中相对供应最少的那个养分。施肥的目的是为作物提供适量的营养物质，以补充土壤中养分的缺乏，从而获得高产。土壤中相对供应最少的养分，就是首先应该通过施肥补充的养分。②最小养分不是固定不变的，而是随着生产条件变化而发生变化。当土壤中的最小养分得到补充，满足玉米生长需求之后，产量就会迅速提高，原来的最小养分就会转为适宜养分。③如果不针对性地补充最小养分，即使其他养分增加得再多，也难以提高玉米产量，而只能造成肥料的浪费。正确应用最小养分律，就可以因地制宜，有针对性地选择肥料种类，缺什么养分，就施什么肥料，避免养分过剩，造成肥料浪费，污染环境，增加成本。

2. 玉米吸肥特性

玉米生长发育分为苗期、穗期和花粒期三个主要生育时期。不同生育时期,玉米对养分的种类、数量、吸收速率不同,是决定施肥的重要依据。玉米一生中吸收的大量元素氮、磷、钾最多,中量元素钙、镁、硫和微量元素锌、锰、铜、钼、铁、硼等较少。大多数中、微量元素在土壤中的含量满足基本需求即可,而氮、磷、钾三种元素对玉米的正常生长发育特别重要,需要量又大,但土壤中的贮藏又不能满足需求。所以,补充氮、磷、钾对玉米正常生长发育、提高单产就显得特别重要。

(1)玉米的需肥量　据研究,每生产 100 kg 玉米籽粒,需吸收氮 2.57～2.90 kg、五氧化二磷 0.86～1.34 kg、氧化钾 3.0 kg 左右,随着产量水平的提高,吸收量也随之增加,两者呈极显著的正相关。

(2)不同生育期吸肥量　玉米氮、磷、钾的吸收积累量从出苗至乳熟期随植株干重的增加而增加,而且钾的快速吸收期早于氮和磷。不同时期的三要素吸收百分率,春玉米苗期吸氮占总吸收量的 2.14%,中期(拔节至抽雄开花)占 51.16%,后期占 46.7%;夏玉米苗期占 9.7%,中期占 78.39%,后期占 11.91%。玉米抽雄以后吸收氮、磷的数量均占全生育期的 50%左右。因此,要获得玉米高产,既要重视穗肥,还要重视粒肥的供应。

(3)玉米吸收养分高峰期　玉米吸收氮、磷、钾强度最高的时期是在拔节至抽雄期,即以大喇叭口期为中心的时期,拔节至抽雄期的 28 d 吸收氮 46.5%、磷 44.9%、钾 68.2%。可见,此期重施穗肥,保证养分的充足供给是非常重要的。此外,在开花至乳熟期,玉米对养分仍保持较高的吸收强度,这个时期是产量形成的关键期。

从籽粒中氮、磷、钾的来源分析,在籽粒中三要素的累积总量约有 60%,来源于前期积累,约有 40%来源于后期根系吸收。因此,玉米施肥不但要打好前期基础,也要保证后期养分的充分供给。

3. 玉米基肥施用

(1)施用数量　一般中等肥力,设计每公顷玉米产量 9000 kg,按玉米对氮、磷、钾吸肥规律:每生产 100 kg 玉米籽粒吸收氮 2.74 kg、磷 1.1 kg、钾 3.0 kg,每公顷需施氮 247 kg、磷 99 kg、钾 270 kg(其中 50%靠土壤供给)。

基肥施用比例:①春播玉米氮占 70%,磷 100%,钾 80%,微量元素锌等全作基施;②夏播玉米,温度高,肥料挥发性强,尤其是氮素,基肥施用比例以50%~60%为宜。

(2)施用方法　结合翻耕整地深施基肥。有机肥和农家肥,在翻耕整地前撒施;复合肥和玉米专用肥等化肥,在播种旋耕耙地前撒施;尿素作种肥,随播种机施于播种行侧。

四、提高播种质量

玉米播种质量,包括适期播种,适量播种,适深播种等。

(一)适期播种

玉米播种的适宜时期,主要根据玉米的种植制度、大气温度、土壤墒情和玉米品种生育期等来决定。

1. 春玉米适期播种

种植春玉米的地块,多数是冬闲地,要适期早播,掌握在土壤5~10 cm土层温度,稳定上升到10~12 ℃及以上时播种,此时气温一般稳定在8~10 ℃。长江以南地区,由南向北自2月上旬至4月下旬陆续播种,长江以北地区在4月上旬至5月初陆续播种。在适期播种范围内,抢早播种,有利于培育玉米壮苗夺高产。这是由于在相对较低的温度下,玉米根、芽的细胞壁果胶质较少,木质素、纤维素较多,能防止病菌侵入而引起烂种或死苗,有利于全苗。适期早播玉米根系发达,幼苗敦实健壮,植株组织致密,营养生长期延长,营养物质积累多,生殖生长基础好,不仅雄雌穗分化良好,而且抽雄吐丝期也比较接近,同时穗位以上节间相对缩短,抗旱抗倒能力强。在害虫较多的地方,适时早播能使生育期提前,当害虫发生时玉米苗已长大,并错开玉米螟虫等的盛发时期。在丝黑穗病与大斑病发生多的地区,还可因苗期温度低,丝黑穗病菌生活力弱而较少为害。到后期大斑病发生时,下部叶已生长老健,病菌也不易侵入,从而减少为害。在常有伏旱或台风雨涝的地区,适时早播,到灾害来临时玉米已近成熟。在生育季节较短的高寒地区,能有效地避过"秋风"早霜危害。

春玉米不能播种过早,因春季土温低,寒潮频繁,种子发芽出苗很慢,或只吸水不发芽,易于引起种子霉烂,并且由于温度过低,根芽鞘细胞的细胞壁全为果胶质组成,易被菌丝分泌酶所溶解,病菌极易侵入,以致霉烂死亡而缺苗多。

再因低温下的酶促反应弱，根的代谢过程缓慢，吸收养分少，幼苗常生长弱小纤细或叶片泛红。

春玉米也不能播种过迟，虽然温度高，玉米发芽出苗快，但是拔节早，营养生长期短，营养体生长较差，积累的有机物质少，生殖生长的基础差。同时还因后期温度高、湿度大，或遇伏旱而不利于开花授粉与灌浆成熟。

2. 夏玉米抢时播种

夏玉米适期播种的时间，不决定于温度，而是决定于前茬作物收获的早或迟。我国夏玉米主要集中在黄淮海区域，以小麦连作玉米种植模式为主；西南地区的低山丘陵，有油菜、马铃薯连作玉米。夏玉米在前茬作物收获后，抢时整地播种，一般能赶在“梅雨”季节之前出苗，肥水适宜，促根壮苗，保证出苗到成熟有较长的生育期，有利于果穗与籽粒发育，正常灌浆成熟，避免遭受后期低温与病害为害，获得丰产丰收。

夏玉米播种期，由南向北一般在5月下旬至6月中旬。若播种晚，会遭受自然灾害的影响，不仅营养生长期显著缩短，而且易受后期低温早霜影响，淀粉酶的活性减弱，使成熟大为延迟，甚至不能成熟。

3. 套种玉米适期播种

套种玉米模式，主要集中在西南山地和南方丘陵玉米区，以小麦、马铃薯、油菜、蔬菜、花生、中药材等套种玉米模式为主，要使玉米与前作有比较适宜的共生期。一般掌握在前作的收获期与玉米的拔节开始期相结合，这是套种玉米适期早播的原则。具体套种的适宜时期，还应视前作预留空行的宽窄与当地气温的高低而定，预留空行宽度在70 cm左右的，可适期早播。玉米与前作的共生期在30 d左右。

(二)适量播种

根据品种类型、种子大小、播种方式和栽培条件等综合因素，确定适宜的播种量。

1. 合理密植

(1)根据品种确定种植密度　一般晚熟品种生育期长，植株高大，茎、叶繁茂，需要较大的单株营养面积，密度宜稀些；早熟品种要密些。同一熟期类型的品种，株型紧凑的宜密些，株型半紧凑式或平展型的品种，可适当稀些。

(2)根据地力条件确定种植密度　地力水平低、水肥条件较差的地块宜密，地力水平高、水肥条件好的宜稍稀些，即瘦地宜密，靠群体获高产，肥地宜稀，靠个体大穗夺高产。

(3)根据播期确定种植密度　春播或夏季早播的玉米，生育期长，单株生产力较高，宜适当稀些；播种期偏晚、生育期短的，单株生产力较低的，宜密些。

(4)根据气候条件确定种植密度　玉米在高温、短日照条件下，生育期缩短，所以，同一品种，在南方种植比北方种植密度要大些。同一地区，在地势高、气温低的地块，玉米生长植株较矮小，种植宜密些。

2. 种植方式

我国各地气候条件不同，玉米种植方式也不同。如东北地区多实行垄作以提高地温，黄淮海平原多采用平作以利于保墒，南方地区多采用厢作以利排水。播种方法主要有机械条播和人工条、穴点播。

(1)等行距种植　玉米种植行距相等，一般为 60 cm 左右，株距随密度而定。其特点是植株抽雄穗前，叶片、根系分布均匀，能充分利用养分和阳光。播种、定苗、中耕除草和施肥时便于机械化操作。但在高肥水、高种植密度条件下，生育后期行间郁闭，光照条件差，个体与群体间存在较大矛盾，影响产量进一步提高。

(2)宽窄行种植　宽行距 80～90 cm，窄行距 40～50 cm，株距根据密度确定。其特点是植株在田间分布不均匀，生育前期对光能和地力利用较差，但能调节玉米后期个体与群体间的矛盾。在高密度、高肥水的条件下，有利于田间通风透光，使穗三叶处于良好的光照条件下，有利于干物质积累，获得高产。

3. 种子大小

种子粒大、发芽率和发芽势低、密度大的，条播时播种量宜大些；反之，播种量宜小些。一般机械条播，实行单粒等距播种，播种量 35～40 kg/hm^2；人工条穴双粒点播，播种量 40～45 kg/hm^2。

(三)适深播种

玉米种子淀粉含量高，吸水能力强，适宜的播种深度是保证苗全、苗齐、培育壮苗的重要环节。适宜的播种深度要依据土质、墒情和种子大小而宜。一般播种深度以 3～5 cm 为宜。壤土、墒情适宜的地块，播种深度以 4 cm 为宜；土质黏性、墒情好时，可适当浅播；沙质土、干旱墒情不足的地块，要适当深播，以利种子吸收耕层水分。

五、田间因苗管理

玉米田间管理是根据玉米生长发育规律，针对各个生育时期的特点，因苗情长势，进行追肥、中耕、培土、抗旱与排涝、防治病虫草害等，对玉米植株进行适当促控，调整个体与群体、营养生长与生殖生长的矛盾，保证玉米健壮生长发育，从而达到高产、优质、高效的生产目标。

（一）苗期田间管理

玉米从出苗到拔节的一段生长时间为苗期，一般春玉米苗期为30～35 d，夏玉米苗期为20～25 d。玉米苗期的生育特点是以根系和叶片生长为中心，属于营养生长阶段。栽培目标是促进根系发育，适当控制地上部生长，使地上、地下协调生长，形成壮苗，为穗期生长发育打好基础。

1. 查苗补缺

玉米出苗以后要及时查苗，发现断垄缺苗的要及时补种或补苗，确保全苗。

（1）催芽补种　对缺苗断垄的地块，及时采取浸种催芽，带种带水补种；种植面积较大的农场，可补种早中熟玉米品种。

（2）移苗补栽　缺苗较少的地块，在玉米幼苗3叶期，用直播器对邻近播种行的一穴双苗，取一株补栽，栽时浇定根水，用细土压实根部，提高成活率。

2. 间苗定苗

适时间苗定苗，可避免幼苗相互拥挤和遮光，并减少幼苗对水分和养分的竞争，达到苗匀、苗齐、苗壮。春玉米一般在3叶期间苗，4～5叶期定苗。夏玉米生长较快，可在3～4叶期一次性完成间苗、定苗。地下害虫发生较多的地块，可推迟到5～6片叶定苗。间苗定苗时要选留壮苗、大苗，去掉弱小苗、虫伤苗。在同等叶龄情况下，选留叶片方向与行向垂直的苗，以利通风透光，授粉结实。

3. 因苗促控

（1）追肥促苗　根据苗情长势，适时适量追施苗肥。玉米苗期对营养需要量少，基肥和种肥比较充足、幼苗长势好的，苗期一般不追肥。但对于套种春玉米、免耕播种未施基肥的夏玉米,应在定苗后及时追施攻苗肥,以利幼苗健壮生长。对于弱小苗和补种的苗,要增施肥料,以保证拔节前达到生长整齐一致。

(2)蹲苗促壮 通过蹲苗控上促下,培育壮苗。蹲苗的作用在于给根系生长创造良好的条件,促进根系发达,提高根系的吸收和合成能力,适当控制地上苗的生长。蹲苗时期一般不超过拔节期。蹲苗应掌握"蹲黑不蹲黄,蹲肥不蹲瘦,蹲湿不蹲干"的原则,即苗色深绿、长势壮、地力肥、墒情好的宜蹲苗;地力薄、墒情差、幼苗黄的不宜蹲苗。夏玉米生育期短,一般不需要蹲苗。

4. 中耕除草

(1)中耕 中耕是玉米苗期促进根系生长的主要措施。中耕可疏松土壤,防止表土板结;提取下层土壤水分,接纳雨水;春玉米还可提高地温,促进幼苗健壮生长。

(2)除草 机械或人工中耕除草,是绿色防控的有效措施。对于杂草严重的地块,可配合使用化学除草。可根据杂草群落,杂草种类,为害程度,结合当地气候、土壤和栽培制度,选用合适的除草剂,兑足水量喷施。

5. 防治病虫害

玉米苗期害虫发生较多,主要有地老虎、蛴螬、金针虫、黏虫、蚜虫、蓟马等,要及时监测,在虫情预测预报的基础上,采用以农业防治、物理防治和生物防治相结合的综合防治措施。

(二)穗期田间管理

玉米穗期是营养生长与生殖生长并进的阶段,是玉米植株一生中生长发育最旺盛的时期,根系继续发生并不断向四周和纵深扩展,茎、叶迅速生长,大部分中、上部叶片在此期出现和展开,茎秆也在此期伸长和增重,每天可伸长 5~8 cm,雄、雌穗先后分化形成。

穗期的栽培目标是促进植株生长健壮和穗分化正常进行,实现壮秆、穗多、穗大、粒多,为优质高产打好基础。

1. 适时追肥

在玉米穗期进行两次追肥,以促进雄、雌穗的分化和形成,争取穗大粒多。

(1)攻秆肥 指拔节前后追肥,其作用是保证玉米健壮生长,秆壮叶茂,促进雌、雄穗的分化和形成。攻秆肥的施用,要因地、因苗灵活掌握。地力肥沃、基肥足，应控制攻秆肥的数量，宜少施、晚施甚至不施，以免引起茎、叶徒长；在地力差、底肥少、幼苗生长瘦弱的，要适当多施、早施。攻秆肥以速效性氮肥为主，占总施肥量的10%左右。在施磷、钾肥有效的土壤上，可酌量追施复合肥。一般攻秆肥施在距植株根部10～15 cm处较好，深度以8～10 cm为宜。

(2)攻穗肥　指抽雄前10～15 d即大喇叭口期的追肥。此时正处于雌穗小穗、小花分化期，营养体生长速度最快，需肥需水最多，是决定果穗籽粒数多少的关键时期。所以这时施攻穗肥，肥水齐攻，既能满足穗分化的肥水需要，又能提高中、上部叶片的光合生产率，使运输到果穗的有机养分增多，促使粒多、饱满。穗期追肥应在行侧15 cm左右距离，深施8～10 cm，施速效氮肥，占总施氮量的20%左右。施肥后及时覆土，以提高肥料利用率。

2. 抗旱与排渍

玉米穗期气温高，植株生长迅速，需水量大，要求供应充足水分；如遇连阴雨天气，要及时除涝排渍。

(1)抗旱灌水　一般结合追施攻秆肥浇拔节水，使土壤水分保持田间最大持水量的70%左右。大喇叭口期是玉米一生中的需水临界期，缺水会造成雌穗小花退化和雄穗花粉败育，严重干旱则会造成“卡脖旱”，使雌、雄花开花间隔时间延长，甚至不出雄穗，降低授粉结实率。所以此期遇旱一定要浇水，使土壤水分保持在田间持水量的70%～80%。

(2)防涝排渍　玉米耐涝性差，当土壤水分超过了田间持水量的80%时，土壤通气状况和根系生长均受到影响。此期间正是“梅雨”期，如果田间积水未及时排出，植株变黄，甚至烂根青枯死亡。所以要及时清理田内三沟和田间排水渠，排除明水和渍水。

3. 除去分蘖

玉米拔节前，茎秆基部可以长出分蘖，分蘖的形成数量与品种特性有关，也和环境条件有密切的关系。一般当土壤肥沃，水肥充足，早播稀植时，分蘖多，生长快。分蘖比主茎形成晚，不结穗或结穗很小，成熟晚，并且与主茎争夺养分和水分，应及时除掉。

4. 防治病虫害

玉米穗期主要病害有玉米大斑病、小斑病、黑粉病、锈病等，主要害虫有玉米螟、棉铃虫、黏虫等，应做好预测预报，及时采用绿色综合防控措施。

5. 防止倒伏

玉米穗期植株上部生长速度快，支持根系尚未形成，抗御风雨能力较弱。预防倒伏，一是根部培土，促进支持根系早生下扎，增强抗倒伏能力；二是喷施调节剂，如在大喇叭口期后，喷施玉米健壮素，每公顷使用15支，每支30 mL，兑水225～300 kg，喷于玉米植株上部叶片，吸收后进入体内调节生理功能，使叶形直立且短而宽、叶片增厚、叶色变深、株型矮健、节间短、根系发达、支持根增多、株高和穗位降低，预防倒伏效果好。

（三）花粒期田间管理

玉米抽雄开花后，营养器官建成，根系功能开始衰退，进入开花、授粉、授精结实的生殖生长阶段，是决定穗粒数和粒重的关键时期。

栽培管理重点是防止茎、叶早衰，保持绿叶面积，保证授粉受精良好。主攻目标是促进籽粒灌浆成熟，防止贪青晚熟，实现粒多、粒重。

1. 巧施攻粒肥

根据田间长势施好攻粒肥。在穗期追肥较早或数量少，植株叶色较淡，有脱肥现象，甚至中、下部叶片发黄时，应及时补施氮素化肥。粒肥宜少施、早施，施肥时间在吐丝期前，施肥量占总施氮量的5%～6%。

2. 去雄穗

玉米去雄是一项简单易行的增产措施，去雄后能增加果穗长度和穗粒重，同时降低植株高度，改善田间通风透光条件，提高光合生产率，使籽粒饱满，产量提高，一般可增产10%左右。每株玉米雄穗可产生1500万～3000万粒花粉。一株玉米的雄穗花粉，至少可满足100株以上雌穗花丝受粉的需要。花粉粒从形成到成熟需要大量的营养物质，为了减少植株营养物质的消耗，使之集中于雌穗发育，可在玉米植株抽雄始期，雄穗刚露出顶叶，能用手握住时，进行去雄。采取隔行或隔株去雄。去雄时，一手握住植株茎秆，另一手握住雄穗顶端往上拔，不要损伤叶片和茎秆。同一地块，当雄穗抽出1/3时，即可开始去雄。

3. 人工辅助授粉

玉米正常生长条件下，一般靠天然传粉，即可满足雌穗受粉的需要，但是在干旱、高温或阴雨等不良天气条件影响下，雄穗产生的花粉生命力低、寿命短，或雌、雄花开花间隔时间太长，就会影响授粉受精和结实。此外，因植株生长不齐，发育较晚的植株雌穗吐丝时，群体花粉量不足，也会影响授粉结实。因此，在玉米散粉期，选择晴天，在上午露水干后进行，隔天进行一次，连续 2～3 次。人工辅助授粉方法，可采用摇株法或拉绳法，也可用授粉器取粉授粉。

六、玉米收获与贮藏

玉米成熟的标志是：果穗中下部籽粒乳线消失，胚位下方尖冠处出现黑色层，全田 90％以上植株的果穗苞叶自然变黄松散为成熟，这时籽粒变硬，干物质不再增加，呈现品种固有的形状和粒色，是收获的适宜时期。北方高寒地区和南方高山地区，玉米籽粒灌浆成熟期间，若遇低温，造成果穗苞叶转黄、籽粒脱水受到影响，应在蜡熟中期，将果穗苞叶扒开，使果穗籽粒全部露出，可以加速籽粒水分散失，是一项促进早熟的有效措施。

（一）田间测产

为了掌握玉米栽培技术，生产实际效果，尤其是品种比较、各种栽培试验示范、高产创建的技术经验，需要对玉米田进行测产。

1. 测产方法

玉米收获前，根据田间长势长相分为 3 类，在每一类型中随机抽取一块田为测产田。测产采用对角线五点取样法，分别选取代表性样点，四角样点距地边 5 m 以上，避免边际效应。①测定密度。每个点测量 11 行的行距，再随机取一行测定 51 株的株距，求出平均的行、株距，计算出每公顷株数。②测定穗数。在每个点连续数 50 株上结的果穗数，包括双穗和空秆数，计算出单株穗数。③测定穗粒数。在每个点随机选一行，连续取 20 株的果穗，数取每个果穗的籽粒行数和行粒数，计算出每穗粒数。④测定千粒重。将所脱籽粒，先用水分测定仪测量，随机取 3 个样测定籽粒含水量，每个样各数 1000 粒，称取重量，减去 13％正常水分含量，计算出千粒重；或在室内烘干至 13％水分含量，然后称重。

2. 产量计算方法

将测定的株数、平均每株穗数、平均每穗实粒数和千粒重(g)相乘，计算出每公顷产量。

计算公式：每公顷产量(kg)＝(有效穗数×每穗粒数×千粒重)÷(1000×

1000)

(二)适时收获

玉米适宜收获的时间,要根据玉米品种特性、成熟特征、栽培要求的不同用途,确定适时收获时间,减少产量损失,保证品质。

1. 食用玉米

食用玉米一般以完熟期收获为宜。表现为植株变黄,果穗苞叶松散,籽粒内含物已完全硬化,指甲不易掐破,籽粒表面具有鲜亮光泽。

2. 种用玉米

制种田玉米要在蜡熟末期收获。此时种子已具有较高的发芽能力,干物质积累最多,适时早收,有利于籽粒干燥,提高种子质量。

3. 青贮玉米

用于饲草的青贮玉米,宜在乳熟末期至蜡熟初期收获,此时全株的营养物质含量最高,植株含水量在75%左右,适宜青贮。

玉米收获主要有机械收获和人工收获两种方法。机械收获能一次完成割秆、摘穗、脱粒、切碎茎叶及抛撒还田等工序,机收要求玉米籽粒含水量降到25%以下。人工收获是先摘收果穗,再收获茎叶。

(三)安全贮藏

玉米安全贮藏,首先要对玉米进行干燥处理,使籽粒含水量降到13%以下,这是玉米安全贮藏时的标准含水量。如果高于13%,籽粒中就会有部分游离水,籽粒仍在旺盛呼吸,消耗籽粒内营养物质。呼吸产生的热量,使有害生物繁殖侵染,降低品质,甚至籽粒霉烂,失去价值。种用玉米,降低种子发芽率等质量。

粒用玉米干燥与安全贮藏方法:①整穗贮藏于楼架上,或连苞叶挂藏在室内,通风晾干。②脱粒后放在场院晒干,或用烘干机在60 ℃下烘干。如果籽粒水分较大,可在室内升温并保持40 ℃,定时通风排湿,经60～80 h,籽粒水分可下降到13%左右,这时可停止加温,便可安全贮藏。

复习思考题

1. 玉米原产地在哪里?是怎样传播到世界各地的?

2. 玉米有多少种类？生产上应用的是哪几种？

3. 世界三大玉米带在哪里？各有什么特点？

4. 中国玉米划分为几大区域？各有什么特点？

5. 选择玉米品种应把握哪些原则？

6. 玉米的三个生育阶段及管理的重点是什么？

第四章

大豆绿色生产技术

大豆原产于中国，已有几千年的栽培历史。大豆营养价值比较高，是优质蛋白质来源。我们要了解大豆的发展历程、生物学特性、栽培技术，更进一步地搞好大豆生产，满足市场供应，造福人类。

第一节　大豆产业发展概况

大豆从中国走向世界各地，经过劳动人民的种植与改造，种植地域不断拓展，种植技术不断创新，生产水平不断提高，已成为世界主要粮食和油料作物之一。

一、大豆的起源与传播

了解大豆如何产生、从哪里来又如何传播到世界各地的历史，可以为人们今后更好地发展大豆产业打好知识根基。

（一）大豆的起源

大豆起源于中国，距今5000年前就在我国种植，但具体的起源时间及在我国的发源地有多种说法。瓦维洛夫认为大豆起源于中国中西部山地及毗邻低地，福田认为栽培大豆起源于中国东北，李璠认为起源于黄河和长江的源头地域，周新安等认为中国栽培大豆起源中心为由西南向东偏北方向延伸的带状区域，海默维兹认为栽培大豆起源于中国黄河流域。但总体来看，人们更倾向于认为栽培大豆起源于5000年前的中国北方地区。

大豆在战国和秦代以前称为“菽”，在西汉以后称为大豆。中国大豆种植历史悠久，汉代司马迁所著《史记·五帝本纪》中写道：“炎帝欲侵陵诸侯，诸侯咸归轩辕。轩辕乃修德振兵，治五气，蓺五种，抚万民，度四方。”郑玄曰：“五种，黍稷菽麦稻也。”从《史记》看，轩辕黄帝时已种菽，距今至少4500年。先秦时期栽培大豆的范围十分有限，多在北方地区种植。我国有栽培大豆遗存的考古遗址，分布在黄河中游的陕西、山西、河南北部、内蒙古东南部、山东中部地区，时间大致从龙山时代至周代。《战国策》中有“民之所食，大抵豆饭藿羹”，讲的是中国北方地区民间以大豆为食粮的情况。秦汉大一统后，各地交流加快，人口快速增长，为大豆推广提供了空前的便利。宋代大豆被推广到江南、福建等地。宋代以后，政府鼓励大豆种植并组织推广，大豆种植迅速扩大至全国。

我国野生大豆分布范围北起黑龙江省塔河县依西肯乡一带（北纬53°左右），南到广西的象州（北纬24°）和广东的英德市（北纬24°10′），东起黑龙江抚远市（东经134°21′），西到西藏察隅县（东经97°）。

（二）大豆的传播

中国栽培的大豆，随着文化交流和国际贸易的发展走向世界。秦汉大一统后，改良的大豆品种传播到与中国较为临近的地区，如朝鲜半岛、日本岛，公元712年始见大豆记载于日本《古事记》中。直到17世纪末随着国际贸易繁荣，大豆才开始被南亚各国及亚洲以外的人所认识并种植。大约300年前，我国大豆传往印度尼西亚。到了18世纪又开始传往欧洲和美洲，1740年法国传教士曾将中国大豆引至巴黎试种，1765年东印度公司的海员鲍文将大豆带入美国，1790年英国皇家植物园邱园首次试种大豆。现代拉丁文、英文、德文、法文、俄文等大豆一词的发音几乎都是“菽”，表明我国是大豆的故乡。1873年，在奥地利首都维也纳举办的万国博览会上，第一次展出我国的大豆，引起世界广泛关注，大豆被誉为“东方一宝”和“中国珍珠”。

二、大豆的分类

大豆属于豆科大豆属大豆亚属。

(一)按植物学特征分类

按植物学特征,可将大豆分为野生种、半栽培种和栽培种 3 类。

1. 野生种

野生种在我国各地均有发现,沿长江两岸,常和芦苇伴生,可作为水土保持的覆盖作物。野生大豆为一年生草本,茎细弱、蔓生,是一种攀缘缠绕性强,茎高可达 3 m 以上,叶为羽状三出复叶,小叶多为卵圆形,也有椭圆形、披针形以至线形,叶大小变化很大,叶片小的长 2 cm 左右,宽不足 1 cm,叶片大的近于栽培大豆叶片。花为总状花序,蝶形花,腋生,花比栽培大豆的花小,花色有深紫、紫红、浅紫,极少白花。荚果狭长,多弯镰形,也有直筒形,每荚有种子 1～3 粒,个别 4 粒,成熟的荚易炸,炸荚期不同步。植株的茎、叶、花萼及荚皮上密被茸毛,茸毛多为褐色,种皮多为黑色有泥膜,也发现无泥膜种子及种皮褐色及双色野生大豆,千粒重 10～12.5 g。子叶黄色,籽粒扁椭圆形或长椭圆形。种子含油分 9%～10%,蛋白质 37%～43%。主要特点是油分的碘价高(142～149),可作杂交亲本,培育碘价高、适于油漆用的新品种。

2. 半栽培种

半栽培种植株矮小,多蔓生,种皮为黑色或褐色,常有蜡质,如湖北、湖南的泥豆,即属此类型。半栽培大豆一般含油分 14%～15%,蛋白质 36%～38%,碘价 135～141。种子千粒重为 100～130 g。此种大豆抗逆性强,耐干旱。

3. 栽培种

大豆经过长期自然选择和人工选择,形成了适于各种生态条件和符合人类需要的品种类型。我国的地方品种至少有 5000 个以上。栽培种的油分含量为 12%～24%,蛋白质为 32%～44%,碘价为 120～135,千粒重为 100～400 g。

(二)按结荚习性分类

按结荚习性,大豆分为有限结荚习性、亚有限结荚习性和无限结荚习性三种类型。有限结荚习性型的品种,在开花后不久主茎和分枝的顶端形成一个花簇,茎停止生长,不易倒伏;无限结荚习性型的品种,主茎和分枝的顶端不形成花簇,开花后,主茎继续生长;亚有限结荚习性型的品种,在肥水条件充足和密植情况下,表现近似无限结荚习性,反之,表现为近似有限结荚习性(图 4-1)。

图 4-1　大豆结荚习性

a. 无限结荚　b. 有限结荚　c. 亚有限结荚

(三)其他分类

按播种季节的不同，大豆可分为春大豆、夏大豆、秋大豆和冬大豆 4 类；按株形可分为蔓生型、丛生型、立扇型、地桩型 4 类；按主茎生长形态可分为蔓生型、半直立型和直立型 3 种；按主茎与分枝所成角度大小，可分为张开、半张开和收敛 3 种类型；按种皮的颜色不同，可分为黄大豆、青大豆、黑大豆、绿色大豆、棕色大豆、赤色大豆；按粒形分为圆粒形、椭圆形、长粒形、卵圆形、肾脏形等；按大豆用途可分为油用、食用、饲用和绿肥用等。

三、大豆生态区划

(一)大豆生态区划分依据

大豆在我国分布极广，从全国范围看，大豆品种生态因子主要是地理纬度、海拔高度以及日照长度与温度、降水量、土壤条件、播种季节等。因此，品种生育期长短及其对光、温反应的特性，是区分大豆品种生态类型的主要性状。中国大豆品种生态区域的划分是研究种质资源和进行分区育种的基础。我国大豆生态区的划分曾有多种方案，经相互取长补短，将全国划分为三大区，即北方春作大豆区、黄淮海流域夏作大豆区、南方多作大豆区。盖钧镒、汪越胜(2001)研究认为，南方地域广大，各地复种制度及品种播种季节类型不一致，据此将南方区进一步划分为 4 个区，从而提出 6 个大豆品种生态区及相应亚区的划分方案。其划分与命名均打破了行政省区的界限，以地理区域、品种所适宜的复种制度及播种季节类型而命名，并缀以品种生态区或亚区，以表示这是根据各地自然、栽培条件下品种生态类型区域的划分。

(1)北方一熟制春作大豆品种生态区　①东北春大豆品种生态亚区(东北亚区);②华北高原春大豆品种生态亚区(华北高原亚区);③西北春大豆品种生态亚区(西北亚区)。

(2)黄淮海二熟制春夏作大豆品种生态区　①海汾流域春夏大豆品种生态亚区(海汾亚区);②黄淮海流域春夏大豆品种生态亚区(黄淮亚区)。

(3)长江中下游二熟制春夏作大豆品种生态区。

(4)中南多熟制春夏秋作大豆品种生态区　①中南东部春夏秋大豆品种生态亚区(中南东部亚区);②中南西部春夏秋大豆品种生态区(中南西部亚区)。

(5)西南高原二熟制春夏作大豆品种生态区。

(6)华南热带多熟制四季大豆品种生态区。

(二)大豆生态区域的特点

1. 北方一熟制春作大豆品种生态区

本区包括黑龙江、吉林、辽宁、内蒙古、宁夏、河北、山西、陕西、甘肃、新疆等10个省(区)的长城以北地区。该区显著特点是地处于中温带,主体为北纬40°～50°,是我国气候寒冷地区,全年无霜期短,一年一熟春播秋(冬)收,仅辽宁南部地区有些麦豆一年两熟制。

2. 黄淮海二熟制春夏大豆品种生态区

本区包括长城以南、秦岭淮河线以北、东起黄海、西至六盘山的广大地区,按行政区有北京、天津、河北、山西、陕西省的长城以南,山东、河南全境,安徽和江苏淮北,甘肃南部等地。该区特点是地处于经纬度34°～40°。历史上有两年三熟制春大豆和一年两熟制夏大豆,现春大豆面积缩减,夏大豆面积增加,但遗留下来的品种仍包括春、夏大豆品种生态类型。

3. 长江中下游二熟制春夏大豆品种生态区

本区包括秦岭淮河线以南、新安江—鄱阳湖—洞庭湖线以北、东起沿海、西至大巴山的长江下游流域,按行政区有江苏、安徽两省的淮河以南地区、浙江新安江以北、江西鄱阳湖以北、湖南洞庭湖以北、湖北省、陕西汉中盆地、重庆市、四川东北盆周山地等,主体纬度在29°～33°,历史上春、夏大豆并存,以夏大豆为主。

4. 中南多熟制春夏秋作大豆品种生态区

本区包括浙江新安江以南、江西鄱阳湖以南、湖南洞庭湖以南、福建福州以北、广东省、广西南岭区域以及四川盆地。主体纬度 25°～39°，丘陵山地相间分布，一年一熟或两年三熟，春、夏、秋大豆搭配种植，但以春、秋大豆为多数。

5. 西南高原二熟制春夏大豆品种生态区

本区包括四川西南盆周山地、川西高原、广西西北及湖南西部高原和云贵高原，大致为北纬 25°～29°。大豆一般分布在海拔 1500 m 以上区域，以春播大豆为主，也有夏播大豆。

6. 华南热带多熟制大豆四季大豆品种生态区

本区包括福建泉州以南，广东和广西南岭以南、海南省、云南南部等地，主体纬度 19°～23.5°。终年无霜，四季可种大豆。

四、大豆的市场供求

（一）世界大豆产销市场

1. 世界大豆生产

世界大豆在 20 世纪 50 年代之前，总产量在 1000 万～1900 万 t，其中中国在 1000 万 t 左右，居世界第一位。如 1931 年，世界大豆总产量 1239 万 t，其中中国为 1094 万 t，美国只有 47.0 万 t；到 1954 年美国赶上中国，当年全世界大豆总产量是 1980 万 t，其中美国为 928.3 万 t，中国为 910.0 万 t。巴西是从 1972 年开始发展大豆生产，大豆总产量达 366.6 万 t；阿根廷是从 1979 年开始发展大豆生产，总产量达 370 万 t。全世界 1982 年大豆总产量增加到 9610 万 t，其中美国 6258 万，巴西 1281 万 t，中国 903 万 t，阿根廷 400 万 t。

进入 21 世纪，世界大豆生产主要集中在美国、巴西、阿根廷、中国 4 个国家，2019 年世界大豆种植面积 12050 万 hm^2，总产量达 33367 万 t。其中巴西种植面积 3588 万 hm^2，总产量 11427 万 t，居第一位；美国分别为 3035 万 hm^2，、9679 万 t，居第二位。近年来印度大豆生产发展也比较快（表 4-1）。

表 4-1　1999—2019 年世界大豆主产国生产情况

国家	播种面积/万 hm^2			总产量/万 t			单产/(kg/hm^2)		
	1999 年	2010 年	2019 年	1999 年	2010 年	2019 年	1999 年	2010 年	2019 年
美国	2965	3100	3035	7562	9066	9679	2550	2924	3189
巴西	1297	2333	3588	3082	6876	11427	2376	2947	3185
印度	645	995	1113	610	1274	1327	946	1333	1192
阿根廷	747	1813	1658	1800	5268	5526	2410	2905	3334
加拿大	98	151	254	2640	444	605	2694	2951	2662
乌克兰	3	104	161	36	168	370	1161	1621	2293
俄罗斯		104	277		122	436		1180	1573
南非	13	31	73	18	57	117	1336	1817	1602
意大利	35	16	27	123	55	104	3504	3464	3815
世界	7205	10277	12050	15774	26509	33367	2189	2579	2769

资料来源：中国农村统计年鉴—2021

2. 世界大豆供求市场

世界大豆供求处于紧平衡状态。随着世界人口的不断增长，人民生活水平的日益提高，对大豆的需求数量也随之增加。2010 年世界大豆总产量增加到 26410 万 t，同期消费量为 25148 万 t，贸易量为 9241 万 t；2020 年世界大豆总产量增加到 36623 万 t，消费量增长到 36304 万 t，贸易量 16475 万 t。十年间，大豆产量增长了 38.7%，消费量增长了 44.4%，贸易量增长了 78.3%(表 4-2)。

表 4-2　2010—2020 年世界大豆供求数量　　万 t

项目	2010 年	2012 年	2014 年	2016 年	2018 年	2020 年
总产量	26410	23687	31937	34653	33611	36623
消费量	25148	25414	29280	33006	34770	36304
贸易量	9241	8901	12488	14766	15398	16475

资料来源：美国农业部

(二)中国大豆供求状况

1. 中国大豆生产

20 世纪 50 年代，中国大豆播种面积在 1100 万 hm^2 左右，从 1970 年至

2013 年，播种面积稳定在 800 万 hm^2 左右，2015 年下降到 683 万 hm^2，2016 年开始恢复性发展，2020 年播种面积增加到 9883 万 hm^2。总产量由 2015 年的 1237 万 t，2020 年增加到 1960 万 t(表 4-3)。

表 4-3　2000—2020 年中国大豆主产区生产情况

地区	播种面积/万 hm^2			总产量/万 t			单产/(kg/hm^2)		
	2000 年	2010 年	2020 年	2000 年	2010 年	2020 年	2000 年	2010 年	2020 年
黑龙江	287	355	483	450	585	920	1569	1649	1905
内蒙古	794	812	1202	86	133	235	1081	1643	1954
安徽	682	939	605	92	120	93	1341	1276	1536
四川	170	121	433	37	53	101	2205	2402	2340
河南	565	453	375	116	86	93	2051	1907	2490
吉林	539	377	321	120	87	64	2232	2298	2000
湖北	225	102	220	46	26	36	2037	2518	1617
贵州	141	132	212	18	16	22	1284	1213	1055
山东	458	157	189	105	39	56	2283	2459	2941
云南	52	128	187	8	27	46	1481	2114	2487
江苏	249	227	196	67	60	52	2689	2637	2645
陕西	247	179	151	22	40	24	899	2223	1562
全国	9317	8516	9883	1541	1508	1960	1656	1771	1984

资料来源：中国农村统计年鉴—2021

2. 中国大豆消费量

自 1996 年以来，我国大豆的需求对国际市场的依赖程度越来越高，由净出口转变为净进口。特别是从 2003 年起，呈现出严重的供不应求状况，大豆的净进口量已显著地超过了大豆的生产量，依靠大量进口满足市场供求。我国大豆消费数量增加很快，由 2011 年的 6731 万 t，达到 2020 年的 11985 万 t；而进口大豆数量由 2011 年的 5264 万 t，上升到 2020 年的 10031 万 t(表 4-4)。

表 4-4　2011—2020 年中国大豆消费量与进口数量　万 t

年份	2011	2012	2013	2014	2015	2016	2017	2018	2019	2020
消费数量	6731	7150	7558	8388	9393	9738	11070	10388	10649	11985
生产数量	1488	1344	124	1269	1237	1360	1528	1597	1809	1960
进口数量	5264	5838	6338	7140	8269	8391	9553	8803	8851	10031

资料来源：中国海关统计资料、中国农村统计年鉴—2021

五、发展大豆产业的重要性

大豆营养极为丰富，它既是重要的粮食作物和食品原料，又是主要的油料作物和工业原料，以及牲畜的精制饲料，用途广泛，经济价值及食用价值都很高。

（一）大豆的营养价值

大豆营养价值很高，每千克大豆可产生热量 17204 kJ，而等量的小麦面粉为 14902 kJ，小米为 15153 kJ，稻米为 14609 kJ。大豆富含蛋白质，一般蛋白质含量在 40%左右，比谷类作物小麦（12.4%）、玉米（8.6%）、大米（8.5%）高出几倍。大豆所含人体不能合成的氨基酸种类比较齐全，其中赖氨酸含量为 7.38%～7.67%，色氨酸含量 1.22%，谷氨酸含量为 17.86%～19.40%，天门冬氨酸含量为 11.3%～13.5%，苯胺酸含量为 5.25%～5.38%，精氨酸含量为 6.30%～8.38%，共含有各种氨基酸 17 种，属于全价蛋白，又易被人体吸收。所以大豆有“绿色乳牛”“田中之肉”的美称。

世界上大多数国家，特别是东亚、南亚、东南亚国家都把增加大豆消费作为一个重要选择。在经济发达的日本，人均年消费大豆一直保持在 10 kg 以上的水平；印度等发展中国家的食物消费水平不高，但人均消费豆类都在 20 kg。而中国全国平均的大豆食用量每人每年只有 6 kg 左右，大豆的消费空间和拉动生产的潜力很大。

大豆脂肪含量可达 20%左右，比动物脂肪更富含油酸和亚油酸，其中 80%～85%为不饱和脂肪酸，这类不饱和脂肪酸可降低胆固醇，对预防血管硬化、高血压大有益处。大豆无机盐中的钙、磷、铁极易被人体消化吸收，是贫血病人的有益食品。大豆还富含磷脂胆碱等对神经系统有保健作用的物质及维生素 E 等抗衰老物质。大豆油是半干性油,处于干性油(如亚麻油)和非干性油(如花生油)之间,可以制成色拉油。

(二)大豆的食用文化价值

大豆制品一直都是我国饮食文化中的精髓。我国大豆加工利用历史悠久,早在战国名著《楚辞·招魂》中就有关于豆豉和豆酱的记录。明代李时珍在《本草纲目》中记有"豆腐之法,始于汉淮南王刘安",说明在 2000 多年前的西汉,人们已经掌握了豆腐的制作方法。隋、唐、宋、元时期创造了大豆榨油的方法,豆芽、豆粥等豆制品上市发售。明清以后,豆制品的种类繁多,生产工艺也更加精细,在豆腐和豆酱的加工、豆油的榨制、饲料和肥料利用、医疗等方面有了新的发展。迄今,大豆除了被作为主食和榨油外,从制造豆酱、豆豉开始,演变成豆腐、豆浆、豆腐脑、豆饼、豆奶等,衍生物达四五十种。进入 21 世纪后,一股"豆腐热"从东方传至西方。美国人把豆腐称为"植物肉",认为其是有益健康的理想食物,并把每年的 8 月 15 日定为豆腐节。我国相关企业或机构也积极开展大豆食品的宣传活动,进一步弘扬大豆食用文化,充分利用其营养价值,完善国人饮食结构。

(三)大豆的药用价值

中医认为大豆有补脾益气、清热解毒的功效。秦汉时期的中药学专著《神农本草经》说:"生大豆,味甘平。涂痈肿……止痛。"明代李时珍的《本草纲目》也曾记载了大豆、豆豉和豆腐的药理功能。清代沈李龙撰《食物本草会纂》记载:豆腐、豆浆、豆芽等豆制品具有宽中益气、和脾胃的作用。现代《中草药汇编》也载有大豆黄卷(即黄豆芽)具有除湿、解表、医治胸闷不舒、骨节疼痛等功能。大豆还具有美容价值。汉末药学著作《名医别录》认为黄豆芽具有"去黑,润肌肤皮毛"的作用。唐代孙思邈的《备急千金要方》也记载:以大豆为主药制作的"五香散",每天洗面时使用,可使脸面白净。李时珍在《本草纲目》中说大豆可使人"容颜红白,永不憔悴""作澡豆,令人面光泽"。可见,大豆粉在古代时就已成为人们清洁护肤的美容品。大豆在医药上可生产卵磷脂、荷尔蒙、维生素等。

(四)大豆的饲用价值

大豆植株和秸秆营养丰富,植株每 100 g 干物质含蛋白质 12 g,脂肪 4.1 g,无氮浸出物 50.0 g,纤维素 25.4 g,灰分 8.5 g。幼嫩的植株还可以作青饲、青贮，是喂养家畜的好饲料。大豆榨油以后的豆饼或豆粕，是饲养畜禽的优质蛋白质饲料，其内仍含有 20%～30%的蛋白质。用豆饼喂养奶牛和家禽，既能提高牛奶和蛋品中蛋白质的含量，又能提高产奶和产蛋量。

（五）大豆的固氮价值

大豆根系着生大量的根瘤，根瘤中的根瘤菌能固定空气中的游离氮素，其 1/3 到 1/2 直接供给大豆本身吸收利用，其余的留在土中，为土壤积累丰富的养分。所以，在用地和养地相结合的前提下，大豆是一种很好的轮作套种的农作物。

【知识链接】

1. 大豆根瘤菌

共生固氮是豆科植物独具一格的生长发育特点和形态特征。大豆根瘤菌是一种活的微生物制剂，根瘤内的根瘤菌与豆科植物互利共生（图 4-2）。根瘤菌将空气中的氮转化为植物能够吸收利用的含氮物质，而豆科植物通过光合作用为根瘤菌提供有机物。

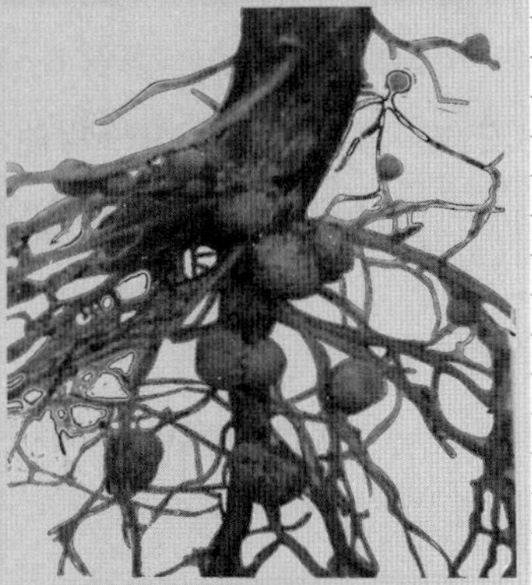

图 4-2　大豆的根及肿瘤

先秦时期，就已观察到大豆有根瘤的现象，对大豆的生理生态习性已经有所认识。西汉《氾胜之书》最早谈到大豆的根瘤，指出“豆生布叶，豆有膏”，膏指的就是根瘤的肥田作用。古代先民很早就总结出栽培大豆和其他豆类都有“养地”的作用，发现种豆肥田的效用并应用于生产实践。北魏《齐民要术》详细记述了大豆和其他作物间作、轮作、复种以及混播等种植方式，指出大豆在轮作中的地位和增产效果。

2. 大豆国家标准

国家标准《大豆》（GB 1352—2009）2009 年 9 月 1 日实施，为强制性国家标准。标准中根据皮色将大豆分为黄大豆、青大豆、黑大豆、其他大豆、混合大豆五类，并给出了普通大豆、高油大豆、高蛋白质大豆的质量指标，对各类大豆水分、杂质、色泽、气味等做了具体规定。

(1)普通大豆　以完整粒率定等,1～5 等的完整粒率最低分别为 95.0%、90.0%、85.0%、80.0%、75.0%。损伤粒率最高限量分别为 1.0%、2.0%、3.0%、5.0%、8.0%。杂质最高限量为 1.0%。水分含量最高限量为 13.0%。色泽气味要正常。普通大豆以 3 等为中等。完整粒率低于最低等级规定的,应作为等外级。

(2)高油大豆　以粗脂肪含量定等,1～3 等的粗脂肪含量(干基)最低分别为 22.0%、21.0%、20.0%。同时,其他指标要满足 3 等普通大豆的质量要求。高油大豆以 2 等为中等。粗脂肪含量低于最低等级规定的,不应作为高油大豆。

(3)高蛋白质大豆　以粗蛋白质含量定等,1～3 等的粗蛋白质含量(干基)最低分别为 44.0%、42.0%、40.0%。同时,其他指标要满足 2 等普通大豆的质量要求。高蛋白质大豆以 2 等为中等。粗蛋白质含量低于最低等级规定的,不应作为高蛋白质大豆。

(4)食用大豆　要符合《食品安全国家标准　粮食》(GB 2715)和《食品安全国家标准　食用植物油料》(GB 19641)的要求。

(5)饲料大豆　要符合《饲料卫生标准》(GB 13078)的要求。

第二节　大豆的生长发育及环境条件

一、大豆的生长发育

大豆的生长发育可分为萌发期、幼苗期、花芽分化期、开花期、结荚鼓粒期和成熟期。

(一)萌发期

从种子萌发到幼苗出土的阶段为萌发期。播入土壤中的种子,在一定的温度、水分和空气条件下,胚吸收种子重量 120%～140%的水分,日平均温度达到 6～7 ℃时即可萌动发芽,但生长极为缓慢;当温度达 10～20 ℃时才能正常发芽,20～22 ℃时种子发芽最适宜。种子发芽首先是胚根伸长,穿过珠孔伸入土中,接着下胚轴向上生长,幼芽突破种皮,带着 2 片子叶顶出地面。从播种到出苗受环境条件影响较大,当日平均温度在 18～20 ℃时,播种后 4 d 即可出苗;当温度达到 33～36 ℃时,出苗更快,但幼苗嫩弱。不同的地区不同品种类型的出苗时间有显著差异,一般春大豆播种时气温低,出苗时间较长,需要 10～15 d,夏大豆播种时气温较高,需要 4～6 d。当全田达 50%子叶出土时为出苗期。

(二)幼苗期

从出苗到分枝的出现称为幼苗期。当子叶出土展开后,幼茎继续伸长,经 4～5 d,1 对原始真叶展开,此时幼茎已具有 2 个节,并形成第 1 个节间。随着茎的继续伸长,第 1 片复叶出现,这时称 3 叶期。此时根上开始出现根瘤。以后每 3～4 d 出现 1 片复叶,上部叶片的每 6 d 长出 1 片。同时,腋芽也随着分化。在第一对真叶展开时,主茎已分化出 6 个节,此后每长出 1 片复叶就分化出两个节。幼苗期适宜的温度一般为日平均温度 20 ℃以上,适宜的土壤水分为 19%～20%。幼苗根系生长较地上部快些(图 4-3)。

幼苗期为主要的营养生长时期,栽培上的主要措施是促进和培育壮苗。壮苗特征是:根系发达,茎秆粗壮,节间短,叶片肥厚,叶色深绿,生长稳健。

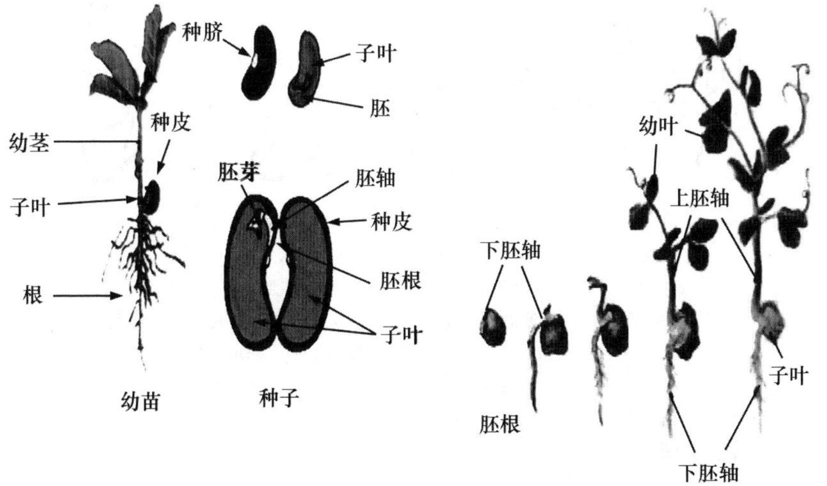

图 4-3 大豆苗期形态特征

(三)花芽分化期

从花芽开始分化到始花,称为花芽分化期,又称分枝期。一般在出苗后 20～30 d,植株约有 3～7 片复叶,花芽分化期约持续 25～35 d。当植株出现 2～3 片复叶之后,腋芽开始分化,一般主茎下部节位的腋芽多为枝芽,条件合适形成分枝;中上部腋芽一般都是花芽,长成花簇(图 4-4)。花萼原基的出现,则为大豆从营养生长转入生殖生长的形态学标志。从这时开始,大豆则进入以营养生长为主,与生殖生长并进的时期。此时株高可达成株的 1/3～1/2,干物质日增长量为苗期的 6～7 倍,根系生长进入旺盛期。茎叶生长加快,分枝不断增加,花芽不断进行分化。此时应创造适宜的环境条件,保持生长与发育的平衡,避免茎叶徒长而阻碍花芽正常分化,或因花芽分化加速而使植株矮小的现象出现。

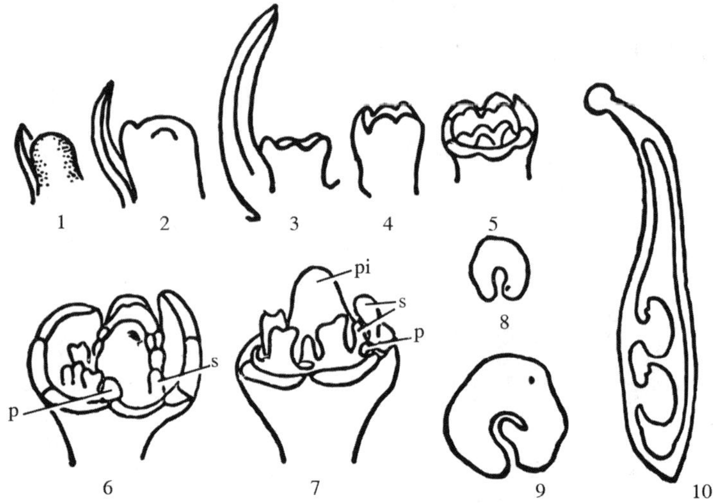

图 4-4　大豆的花芽分化

1.幼花原始体　2.萼片开始发育　3.花萼圈原始体形成　4.花萼圈形成
5.花瓣原始体　6.雄蕊原始体　7.雌蕊原始体　8.雌蕊发育初期的横切面
9.雌蕊胚珠开始发育　10.胚珠的形成(纵切面)
p—花瓣　s—雄蕊　pi—雌蕊

(四)开花期

从第一朵花出现到顶花形成称为开花期。大豆从花蕾膨大到花朵开放,需要 3～4 d,一般上午 6 时左右开始开花,8—10 时开花最旺(图 4-5)。有限结荚习性品种单株始花至终花 20 d 左右,无限结荚习性的品种花期长达 30～40 d。

大豆开花期干物质积累量大，对养分要求较多，其氮素的积累量占植株总积累量的26.8%、磷占24.2%。这一阶段如果养分供应良好，株壮叶茂，节多花盛，花荚脱落少。如养分供应不足，则营养生长与生殖生长之间的矛盾激化，生殖生长先受到抑制，最终表现为枝叶稀疏，节少株矮，顶花提前形成，导致减产。

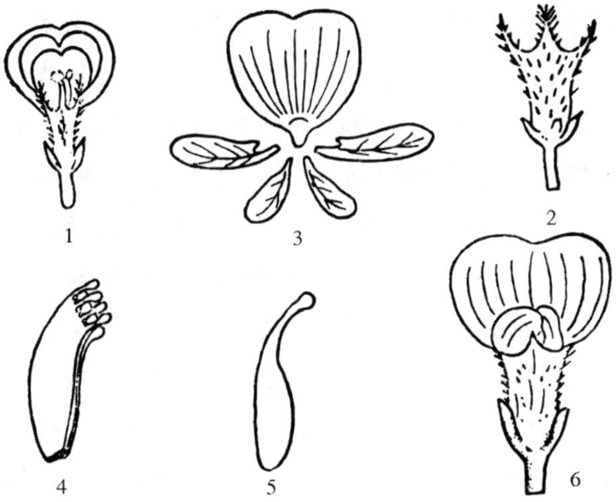

图 4-5 大豆的花器构造

1.大豆花 2.花萼圈 3.花瓣圈各部

4.雄蕊圈 5.雌蕊 6.开放的花

(五)结荚鼓粒期

当幼荚形成，荚长达2 cm以上的植株占50%时为结荚期。当扁平的豆荚凸起的植株达50%时为鼓粒期。此期营养生长基本停止，生殖生长居主导地位，生长的中心为籽粒形成。此期干物积累最为迅速，其积累量达全株积累量的1/2，因此养分积累量特别多，其氮素的积累量占总积累量的56.2%、磷占40.8%。进入鼓粒期后，根系开始衰老，吸收能力渐弱，根瘤菌固氮作用也开始衰退，叶面积指数因落叶也逐渐下降，根系活跃部位转向土培深层，利用深层的底肥养分。为减少落荚，促进籽粒饱满，还应进行人工叶面喷肥，以满足营养的需要。

(六)成熟期

从黄叶开始，籽粒归圆、种子完全变硬，呈现出本品种固有的形状和色泽时为成熟期。温度和湿度能影响成熟的早晚，干旱高温会致成熟提早。当天气干燥、温度较低、土壤的持水量在70%时的晴天，大豆成熟一致，品质优良。

二、大豆的生长环境条件

（一）光照

大豆是短日性作物，属于对日照长度反应极度敏感的作物。日照范围9～18 h，光照越短，越能促进花芽分化，提早开花成熟。大豆幼苗长出第一片复叶时，开始对光照起反应。一般幼苗通过5～12 d的短光照可完成光照阶段。大豆开花结实要求较长的黑夜和较短的白天。每个大豆品种都有对生长发育适宜的日照长度。只要日照长度比适宜的日照长度长，大豆植株即延迟开花；反之，则开花提早。一般品种每日12 h光照即可促进开花、抑制生长，9 h光照对部分品种仅有促进开花的作用。当每日光照短为6 h，则营养生长和生殖生长均受到抑制。植株出现花萼原基，标志着光照阶段已经完成。因长期适应各地的光照条件，大豆短日性反应有较大差异。南方品种具有较强的短日性，而北方品种对日照反应不敏感。在引种上特别注意，同纬度地区之间引种大豆品种容易成功，低纬度地区大豆品种向高纬度地区引种，生育期延长，高纬度地区大豆品种向低纬度地区引种，生育期缩短，只适合夏播品种利用。

大豆是喜光作物。光饱和点一般在30000～60000 lx。大豆光饱和点是随着土壤水分、大气中二氧化碳浓度而变化的。一般情况下，光照接近25000 lx时，即达光饱和点。大豆的光补偿点为2540～3690 lx。

（二）温度

大豆是喜温作物。不同品种在全生育期内所需要的≥10 ℃的活动积温相差很大，早熟品种要求1600 ℃左右，晚熟品种要求3200 ℃以上。同一品种播期不同，所需求的活动积温也有差异。在各生育时期对温度有不同要求（表4-5）。萌发期大豆种子对土壤温度较敏感，发芽温度为6 ℃，出苗最低温度8～10 ℃，种子所处土壤温度低于8 ℃，不能出苗。幼苗在－4 ℃低温会受轻微冻害。生育期间适于大豆生长的日平均温度为20～22 ℃。成熟期温度低于14 ℃时停止生长。大豆不耐高温，温度高于40 ℃，坐荚率减少57%～71%。

温度在－5 ℃以下，幼苗可能被冻死。大豆幼苗补偿能力较弱，霜冻过后，只要子叶未死，子叶节还会出现分枝，继续生长。大豆开花期抗寒力最弱，温度短时间降至－0.5 ℃,花朵开始受害,－1 ℃时死亡;温度在－2 ℃,植株即死亡,未成熟的荚在－2.5 ℃将受害。成熟植株死亡的临界温度是－3 ℃。

表 4-5 大豆在各生育时期对温度的要求 ℃

生育期	生物学最低温度	可满足温度	最适温度
萌发期	6～7	12～14	20～22
幼苗期	8～10	15～18	20～22
花芽分化期	16～17	18～19	21～23
开花期	17～18	19～20	22～25
结荚鼓粒期	13～14	18～19	21～23
成熟期	8～9	14～16	19～20

(三)水分

大豆是需水较多的作物。据研究,每形成 1 g 干物质,需耗水 580～744 g。大豆在不同生育时期对土壤水分要求是不同的(表 4-6)。大豆种子发芽和出苗需要充足的水分。大豆幼苗期耐旱力强,此期土壤水分过多,会使根系发育不良。开花结荚期是需水临界期,要求土壤最大持水量的 75%～80%,否则出现干旱,会引起落花落荚,严重影响产量。大豆生长发育的最适土壤水分为土壤最大持水量的 60%～70%。

表 4-6 大豆不同生育阶段的需水量及对土壤水分的要求 %

生育阶段	播种至分枝	分枝至始花	始花至结荚	结荚至鼓粒	灌浆至收获
阶段需水量占总需水量的百分比	9	76	35	32	17
土壤适宜水分占土壤最大持水量的百分比	60～65	60～70	75～80	60～65	60～65

(四)营养

大豆是需要营养数量多、种类全的作物。形成相同产量,大豆比禾谷类作物需氮量多 4～5 倍。大豆需要最多的营养是氮、磷、钾,其次是钙、镁、硫,也需要少量的钼、硼、锰、锌等微量元素。据测定,每生产 100 kg 大豆籽粒和相应的营养体,约吸收氮素 7.2 kg、磷素 1.5 kg、钾素 2.5 kg,以及多种微量元素。

大豆开花始期，对氮、磷、钾的吸收量只占其总吸收量的 1/4～1/3。开花以后，营养生长和生殖生长进入旺盛时期，对养分的吸收逐渐达到高峰。在氮素的吸收上，大豆幼苗所需氮量不多，但供应不足，幼苗会出现缺氮症状，影响正常生长。开花结荚期，是大豆所需氮量最多的时期，此时根瘤菌固氮能力虽强，但仍满足不了需求，需补充土壤中的氮素。大豆的整个生育期要求较高的磷营养水平，从出苗到盛花期要求最为迫切。出苗到始花期需吸收磷总量的 15%左右；开花到结荚吸收约 60%；结荚到鼓粒期吸收约 20%；鼓粒到成熟吸收约 5%。大豆生育期钾的吸收量不同，苗期吸收钾量比氮、磷量多；开花结荚期吸收钾速度最快，结荚后期达到高峰；鼓粒期吸收速度开始降低。大豆生长对土壤中营养元素含量的要求(表 4-7)，生产上可作为补充施肥的监测指标。

表 4-7　大豆生长对土壤中营养元素含量的要求

元素	指标
氮	土壤中水解氮含量 30 mg/L 时，施氮增产效果显著，达 50 mg/L 以上时，效果不显著
磷	植株地上部平均含磷 0.25%～0.35%，为磷营养适宜指标。土壤速效磷达 60 mg/L以上时，施磷效果不显著，含磷为 10～20 mg/L 时，施磷效果显著
钾	营养生长期，植株体内最适含钾量为 1%～4%，开花期为 1.1%～2.2%。土壤含钾 80 mg/L 以上时，施钾增产效果不显著，低于 50 mg/L 时，施钾增产效果显著
钼	土壤有效性钼含量低于 0.01 mg/L 时，表现缺钼
硼	正常生长的植株内含硼 20～100 mg/L。土壤水溶性硼达 0.5 mg/L，就能满足需要
锰	植株最适含量 30～200 mg/L，少于 20 mg/L 表现缺锰，多于 1000 mg/L 对植株有害
锌	正常生长的大豆植株内含锌 30 mg/L，少于 15 mg/L 时，施锌效果好

(五)土壤

大豆对土壤条件要求不很严格，沙质土、沙壤土、壤土、黏壤土及黏土，均可种植大豆，以土层深厚，富含有机质，排水良好，保水力强的土壤最为适宜。大豆要求中性土壤，pH 低于 6.0 的酸性土往往缺乏钼，不利于根瘤菌的繁殖和发育。pH 高于 7.5 的土壤往往缺铁、锰。大豆不耐盐碱，总盐量＜0.18%，NaCl＜0.03%，植株生育正常；总盐量＞0.60%，NaCl＞0.06%，植株死亡。

第三节 大豆栽培技术

一、轮作种植

大豆是用地养地作物，大豆茬被称作“油茬”“肥茬”。根瘤菌固氮及根、茎、叶残体增加了土壤中的氮素和有机质，培肥地力，为后茬作物提供了良好的营养。大豆茬土壤疏松，保肥保水等。但是，种植大豆不宜重茬，也不适于和其他豆科作物连作。大豆重茬一般减产20%～30%。因此，要与其他禾本科等作物实行轮作种植。

（一）轮作的优点

1. 减轻病虫害及杂草

以大豆为寄主的几种病虫害，如细菌性斑点病、立枯病、黑斑病、黄枯萎病、大豆食心虫等，都会因连作而加重，轮作能显著减轻这些病虫害的发生与蔓延。大豆的寄生性杂草菟丝子，专一性强，通过轮作会因失去寄主而消除。

2. 防止土壤中营养比例失调

大豆重茬，土壤中有效磷含量减少2%～16%，有效氮含量却有所增加，过度消耗了土壤中的磷素，造成了氮磷比例失调，大豆生长不良。轮作可使营养元素因土壤矿化得到恢复和调节。

3. 消除根系及微生物分泌物的毒害作用

大豆根系及根际微生物均可产生一些有毒的分泌物，它们能够影响大豆正常营养代谢，使得大豆根系发育不良，根量及根瘤菌数量减少，固氮能力显著下降。轮作可避免有害分泌物的毒害。

（二）轮作的模式

大豆轮作要根据各地耕作制度熟制、种植的主要作物、用地与养地相结合统筹考虑，合理搭配。

1. 北方大豆区轮作模式

（1）东北亚区　主要轮作模式有大豆→玉米、高粱→谷子，大豆→小麦等。

(2)华北高原亚区　主要轮作模式有大豆→玉米、高粱，大豆→马铃薯等。

(3)西北亚区　主要轮作模式有大豆→冬小麦→玉米，大豆→甜菜等。

2. 黄淮海大豆区的轮作模式

(1)海汾亚区　主要轮作模式有小麦→夏大豆→小麦→夏旱粮一年两熟等。

(2)黄淮亚区　主要轮作模式有小麦→夏大豆→小麦→夏旱粮一年两熟等。

3. 南方大豆区的轮作模式

(1)长江亚区　主要轮作模式有小麦、油菜→夏大豆，春大豆→晚稻，早稻、春玉米→秋大豆等。

(2)东南亚区　主要轮作模式有冬季作物→春大豆→晚稻，冬季作物→早稻→秋大豆一年三熟等。

(3)中南亚区　主要轮作模式有冬季作物→春大豆→水稻，冬季作物→早稻→秋大豆等。

(4)西南亚区　主要轮作模式有油菜、小麦→夏大豆等。

(5)华南亚区　主要轮作模式有冬季作物→春大豆→晚稻，冬大豆→早稻→晚稻，早稻→夏大豆→甘薯等一年三熟。

二、选用良种

选用良种是大豆增产的关键因素。大豆良种包含着优良品种和种子，在一定的自然条件、耕作栽培条件及人们长期主动选择下，形成了丰富的大豆品种类型，每一个品种都有其特点与适应性。大豆优良品种没有一个统一的标准，在种植地区能够充分发挥丰产性能的品种，就称为优良品种。

(一)因地制宜选用品种

选用大豆品种，首先要具备合法性，大豆是种子法规定的主要农作物，品种必须通过国家和省级品种审定，才允许推广应用；其次是因地制宜，根据市场需求选择适宜当地环境条件下种植的品种。

1. 根据生育期选择品种

大豆品种生育期长短，是由光、温反应特性决定的。

(1)北方春大豆区 选用春大豆品种时，要考虑能充分利用无霜期，在霜前能够正常成熟，既不过早成熟，又不贪青晚熟，一般要求初霜前3～4 d成熟。由北向南大豆品种的生育日数为85～140 d。

(2)黄淮海夏大豆区 小麦收获后，6月中下旬播种，9月下旬至10月上旬成熟，为小麦整地播种留有充裕时间，宜选用生育期100 d左右的早熟或中早熟品种。

(3)南方大豆区 无霜期在300～365 d，可根据复种需要，种植春、夏、秋、冬播大豆。春大豆3月底至4月上旬播种，7月中旬至8月上旬收获，选用100～110 d的中熟品种，或95～100 d的早熟品种。夏大豆于5月下旬至6月上旬播种，9月下旬至10月上旬收获，可选用110～125 d的中早熟或中晚熟品种。秋大豆多在7月下旬早稻收获后播种，宜选用90～115 d的中早熟或晚熟品种。冬大豆产区终年无霜，可配合其他作物适期播种，选择110～120 d的品种。

2. 根据结荚习性选择品种

不同结荚习性的大豆品种，对土壤肥力等栽培条件适应能力不同。有限结荚习性的品种茎秆粗壮、节间短，株高中等，在肥水充足条件下，结荚多，粒大饱满，丰产性能高，适合在多雨、土壤肥沃地区种植；无限结荚习性品种，对肥、水要求不严格，即使种植在瘠薄地上，仍能获得一定的产量；亚有限结荚习性品种中，株高中等，主茎发达的品种，适合于较肥沃地块种植；植株高大，繁茂性强的，则适于瘠薄地种植。

北方大豆区种植品种，宜选择以无限结荚习性的品种为主，也可选择亚有限结荚习性的品种。黄淮海地区和南方地区多种植有限结荚习性品种。

3. 根据粒形与籽粒大小选择品种

大豆品种粒形与粒大小，对土壤肥力和栽培条件适应能力不同。圆形、大粒种要求土壤肥沃，水分充足；椭圆、扁椭圆、种粒小的品种，较能适应不良的环境条件；性状愈接近野生大豆，品种抗性愈强。

肥水条件较好、栽培水平高的地区，宜选择圆形品种，百粒重18～22 g的大粒种；黄淮海平原地区，夏播大豆生育期短，易前旱后涝，土壤肥力较低，一般种植百粒重12～15 g的品种；西部干旱、盐碱地，多种植百粒重13～16 g的中粒种。

根据用途选用籽粒大小的品种，生豆芽用的，选用百粒重 4～5 g 的；作饲料用的，选择百粒重 10 g 左右的；菜用大豆，选择百粒重 35 g 的以上。

4. 根据机械化作业选择品种

实行大豆机械作业的地区，宜选择植株较高大、茎秆粗壮、株型紧凑、结荚部位高、不易烂荚和裂荚落粒、抗倒伏能力强的品种，以利机械收割和脱粒。

（二）大豆品种引种

大豆是短日照作物，对光照反应敏感，适应的地区范围较窄。常言“千里麦，百里豆”就是这个道理。大豆引种时应考虑当地自然条件、耕作栽培条件和大豆本身的遗传特性。

1. 地理纬度

大豆光照特性是形成大豆区域性的主要因素，而光照长短主要由地理纬度决定。因此，地理纬度直接影响引种成功与否。由低纬度向高纬度地区引种，日照由短变长，营养生长旺盛，花期延迟，成熟晚或不能成熟。由高纬度向低纬度地区引种，日照由长变短，生育期明显缩短，均能成熟，但往往因营养生长量不够，产量较低。而纬度相近地区引种最易成功。

2. 海拔高度

大豆是对光、温度敏感的作物。海拔高度不同，温度及无霜期有很大差别。地理纬度相差较大，但由于海拔高低不同，可能形成两地区气候条件相似，引种也可以成功。如两地纬度相近，但海拔高度差异过大引种也不易成功。

大豆引种一般要先经过试验，在生育期等方面确实适合当地自然条件和栽培制度的要求、产量优于当地品种的前提下，才可在生产上扩大种植。

3. 适宜引种区域

（1）北方春作大豆区　①东北春作大豆亚区：北纬 37°以北的春大豆，在本区内相互引种基本可成熟。北纬 30°左右的早熟春大豆，以及北纬 34°附近的早熟夏大豆，引入本区中部和南部也能正常成熟。②华北高原春作大豆亚区：北纬 37°以北的早熟春大豆品种，在本区可正常成熟。黑龙江和吉林北部的早熟品种，在本区可直接利用。注意引用无限结荚习性，百粒重 15 g 左右，粒形椭圆，抗旱、耐瘠的品种。③西北春作大豆亚区：北纬 37°以北的早熟春大豆，引入本区可以成熟。引用北纬 42°～46°间的品种，可获较理想的产量。本区气候干旱，以选引无限结荚习性的中粒品种为宜。

(2)黄淮海流域夏作大豆区 ①海汾夏、春作大豆亚区：引种北纬34°以北的春大豆，以及北纬30°左右的春大豆和夏大豆早熟种，均能成熟。北纬36°～44°的春大豆和黄淮地区的夏大豆可直接引入本区用于春大豆种植。北纬44°以北的早熟种，可引入本区用于夏播，适当推迟播期也可用于春播。②黄淮海夏作大豆亚区：北纬30°以北向春播大豆区，夏播大豆早熟种，以及北纬30°以南的早熟春大豆，本区均可引种。但以北纬32°～34°间的品种引入本区产量较高，注意引用有限结荚习性，中小粒种。

(3)南方多作大豆区 ①长江流域春、夏播大豆亚区：南北各地品种在本区基本上均可成熟。本区以北的中熟春播、夏播品种和以南的早熟类型，引入本区有较大的实用价值。注意引用耐瘠薄抗旱品种。②东南部秋、春作大豆亚区：各地区各栽培类型品种在本区均可成熟。东北春大豆，华北和黄淮地区春、夏大豆，以及本区以南的春大豆，可引入本区用于春播大豆。长江流域的中、晚熟夏大豆，可引入用于本区夏大豆。各地区的秋大豆以及长江流域以南的中、晚熟夏大豆品种，可在本区用于秋大豆种植。③中南部春、夏、秋作大豆亚区：黄淮海夏播大豆以及长江流域春播大豆的早、中熟种，可引入本区用于春播大豆。长江流域的夏播早、中熟种，可用于本区夏播大豆。以有限结荚习性、椭圆、中粒品种为宜。④西南高原春、夏作大豆亚区：本地区海拔高度1000 m以上，与同纬度的东部平川地区相比，气温偏低，引入偏高纬度地区的同类品种易成功。北纬34°附近的夏播大豆，可用于本区的春大豆。北纬30°附近的夏播早、中熟种，可用于本区夏播大豆。引入同纬度的秋播大豆不易成功。⑤华南多作大豆亚区：各地区各品种类型引入本区均可成熟。东北和黄淮海地区春大豆引入本区可用于春播；黄淮流域和长江流域春大豆、夏大豆，可引入本区用于春大豆或夏大豆；长江流域以南的秋大豆可用于本区的秋大豆种植。

(三)优良品种推广

据全国农作物主要品种推广情况统计，2020年全国推广大豆品种372个，推广面积7265万hm^2。其中种植面积较多的大豆品种有黑河43、中黄13、合农95、黑农84、合农75、绥农44、绥农42、齐黄34、克山1号、绥农52、冀豆12、合农69、合农76、登科5、东升7、东升1、黑河45、登科8、东农63、中黄37等。

1. 北方春大豆区推广品种

北方春大豆区推广面积较大的大豆品种有黑河 43、合农 95、黑农 84、合农 75、绥农 44、绥农 42、克山 1 号等。具有推广潜力较大的大豆品种有合农 95、黑农 84 等。

2. 黄淮海夏大豆区推广品种

黄淮海夏大豆区推广面积较大的大豆品种有中黄 13、齐黄 34、冀豆 12 等。具有推广潜力的大豆品种有齐黄 34、郑豆 1307 等。

3. 南方多作大豆区推广品种

南方多作大豆区推广面积较大的品种有中豆 41、油 6019、中黄 13、鄂豆 8 号、贡选 1 号等。具有推广潜力较大的品种有中豆 41、中豆 57、中豆 63 等。

(四)具有较大推广面积的品种简介

1. 合农 95

(1)特征特性　普通型早熟春大豆品种，北方春播生育期平均 113 d，比对照克山 1 号早熟 3 d。株型收敛，亚有限结荚习性。株高 73.8 cm，主茎 14.8 节，有效分枝 0.6 个，底荚高度 12.9 cm，单株有效荚数 32.0 个，单株粒数 69.3 粒，单株粒重 12.5 g，百粒重 19.1 g。尖叶，紫花，灰毛。籽粒圆形，种皮黄色、微光，种脐黄色。接种鉴定，中感花叶病毒病 1 号株系和 3 号株系，中抗灰斑病。籽粒粗蛋白含量 41.39%，籽粒粗脂肪含量 18.76%。

(2)产量表现　2013—2014 年参加国家北方春大豆早熟组品种区域试验，两年平均每公顷产量 2781 kg，比对照平均增产 8.0%。2015 年生产试验，平均每公顷产量 2985 kg，比对照克山 1 号增产 10.0%。

(3)栽培技术要点　①5 月上中旬播种，垄作栽培，垄距 65～70 cm。②每公顷种植密度，高肥力地块 30 万株，中等肥力地块 34.5 万株，低肥力地块 37.5 万株。③每公顷施腐熟有机肥 15000 kg，氮磷钾三元复合肥 225 kg 或磷酸二铵 150 kg 为基肥，初花期亩追施 75 kg 氮磷钾三元复合肥。

2. 黑农 84

(1)特征特性　生育期 119 d 左右，所需活动积温 2400 ℃，亚有限结荚习性，株高 95 cm，紫花，尖叶，灰毛，荚微弯镰形，成熟时为褐色，籽粒圆形，种皮黄色，种脐黄色，带有光泽，百粒重 23 g。蛋白质含量 41.82%，脂肪含量

19.84%，品种集多抗、优质、高产于一体。抗黑龙江省三大主要病害，填补了国内兼抗灰斑病、病毒病、胞囊线虫病大豆品种审定的空白。

(2)产量表现　2014—2015年区域试验平均每公顷产量为3135.2 kg，较对照品种绥农28增产12.2%。2016年生产试验平均每公顷产量为2890.8 kg，较对照品种绥农28增产13%，试验最高每公顷产量为3846 kg。2017年在绥化太平川经专家实地测产每公顷产量4200 kg，有每公顷产量4500 kg的潜力。

(3)栽培技术要点　适宜在黑龙江省第二、三积温带种植，在5月上旬播种，采用条播或穴播栽培方式，每公顷保苗22万～24万株，一般栽培条件下每公顷施底肥磷酸二铵150 kg，钾肥40 kg，生育期间及时铲趟、防治病虫害。

3. 齐黄34

(1)特征特性　普通型夏大豆品种，黄淮海夏播生育期平均108 d，与对照邯豆5号相当。株型半收敛，有限结荚习性。株高68.8 cm，主茎15节，有效分枝1.2个，底荚高度21.4 cm，单株有效荚数32.0个，单株粒数68.6粒，单株粒重18.6 g，百粒重26.9 g。卵圆叶，白花，棕毛。籽粒圆形，种皮黄色、无光，种脐黑色。接种鉴定，中感花叶病毒病3号和7号株系，高感胞囊线虫病1号生理小种。粗蛋白含量42.58%，粗脂肪含量19.97%。

(2)产量表现　2010—2011年参加黄淮海夏大豆中片组品种区域试验，两年平均每公顷产量2979 kg，比对照邯豆5号增产5.4%。2012年生产试验，平均每公顷产量3264 kg，比邯豆5号增产12.0%。

(3)栽培技术要点　一般6月中下旬播种，条播行距40～50 cm。每公顷种植密度，高肥力地块16.5万株，中等肥力地块19.5万株，低肥力地块25.5万株。每公顷施腐熟有机肥1.5万kg，鼓粒期每公顷追施三元复合肥150 kg，叶面喷施磷酸二氢钾3次。

4. 郑豆1307

(1)特征特性　黄淮海夏大豆品种，夏播生育期104 d，比对照品种中黄13晚熟6 d，株型收敛，有限结荚习性。株高75.9 cm，主茎节数17.7个，有效分枝1.6个；底荚高度17.1 cm，单株有效荚数56.5个，单株粒数105.9粒，百粒重16.9g。卵圆叶，紫花，灰毛。籽粒圆形，种皮黄色，有光泽，种脐褐色。接种鉴定，中感花叶病毒3号株系，抗花叶病毒7号株系，高感胞囊线虫病2号生理小种。籽粒粗蛋白含量42.22%，粗脂肪含量19.46%。

（2）产量表现　2017—2018 年参加黄淮海夏大豆南组品种区域试验，两年平均每公顷产量 3061.5 kg，比对照增产 14.84%。2018 年生产试验，平均每公顷产量 3145.5 kg，比对照中黄 13 增产 16.20%。

（3）栽培技术要点　6 月上中旬播种，行距 40 cm，株距 13 cm；每公顷种植密度 18.75 万株；每公顷施氮磷钾复合肥 225～300 kg。

5. 中豆 41

（1）特征特性　普通型早中熟夏大豆品种，长江流域夏播生育期平均 104 d，比对照中豆 8 号早 2 d。株型收敛，有限结荚习性。株高 65.1 cm，底荚高度 16.6 cm，主茎节数 13.7 个，有效分枝 3.5 个，单株有效荚数 44.9 个，单株粒数 93.1 粒，单株粒重 19.7 g，百粒重 23.2 g。椭圆叶，白花，灰毛。籽粒近圆形，种皮黄色、有微光泽，种脐淡褐色。接种鉴定，中抗花叶病毒病 3 号和 7 号株系。粗蛋白含量 42.41%，粗脂肪含量 21.24%。

（2）产量表现　2010—2011 年参加长江流域夏大豆早中熟组品种区域试验，两年平均每公顷产量 2904 kg，比对照中豆 8 号增产 7.4%。2012 年生产试验，平均每公顷产量 2796 kg，比中豆 8 号增产 11.8%。

（3）栽培技术要点　一般 5 月下旬至 6 月上旬播种，条播为宜。每公顷种植密度：高肥力地块 15 万株、中等肥力地块 19.5 万株、低肥力地块 22.5 万株。每公顷施腐熟有机肥 12000～15000 kg、三元复合肥 300～375 kg 或磷酸二铵 300 kg 作基肥，结合中耕追施少量氮肥或喷施叶面肥。

6. 中黄 57

（1）特征特性　该品种生育期 106 d，株型半收敛，有限结荚习性。株高 54.1 cm，主茎 12.7 节，有效分枝 3.3 个。单株有效荚数 43.3 个，单株粒数 97.3 粒，单株粒重 17.6 g，百粒重 18.3 g。椭圆叶，紫花，灰毛。籽粒椭圆形，种皮黄色、微光，种脐深褐色。接种鉴定，抗花叶病毒病 3 号株系和 7 号株系，高抗大豆胞囊线虫病。粗蛋白含量 39.67%，粗脂肪含量 21.18%。

（2）产量表现　两年区域试验平均每公顷产量 2875.5 kg，比对照增产 3.1%。生产试验平均每公顷产量 2778.8 kg，比对照增产 1.3%。

（3）栽培技术要点　6 月上中旬播种，高肥力地块每公顷种植密度 18.75 万株，中等肥力地块每公顷种植 22.5 万～27.0 万株。播前精细整地，重施底肥，一般每公顷施农家肥 15000 kg，磷酸二铵 225 kg；花荚初期追施尿素 75 kg，结荚后出现脱肥现象可叶面喷施尿素 15 kg。

7. 中豆 63

(1)特征特性　属中早熟高油夏大豆品种。株型收敛，株高适中，茎秆直立，有限结荚习性。叶卵圆形，花白色，茸毛灰色，成熟荚深灰色。籽粒椭圆形，种皮黄色，子叶黄色，种脐褐色。区域试验中株高 67.3 cm，主茎节数 13.5 个，分枝数 3.4 个，单株荚数 38.8 个，单株粒重 17.5 g，完全粒率 86.1%，百粒重 21.6 g。生育期 92.4 d，比中豆 53 长 3.4 d。经病害鉴定中抗大豆花叶病毒病 3 号株系和 7 号株系。品质经农业农村部谷物品质监督检验测试中心测定，含油量 21.56%，粗蛋白含量 42.55%。

(2)产量表现　2019—2020 年参加湖北省夏大豆品种区域试验，两年区试平均每公顷产量 3282.8 kg，比对照中豆 53 增产 21.68%。其中：2019 年平均每公顷产量 3228.6 kg，比中豆 53 增产 20.33%；2020 年平均每公顷产量 3336.9 kg，比中豆 53 增产 23.01%。

(3)栽培技术要点　适时播种，合理密植。5 月中旬至 6 月中旬播种，一般每公顷保苗 19.5 万株。施足底肥，合理追肥。底肥一般每公顷施复合肥 45 kg，花荚期根据田间长势每公顷施尿素 150 kg 或结合打农药增施叶面肥。加强田间管理。注意清沟排渍，及时中耕除草；花期视苗情适时化控，防止倒伏；结荚鼓粒期遇干旱及时灌溉。注意防治紫斑病、根腐病和蚜虫、斜纹夜蛾、地老虎等病虫害。适时收获。

8. 转基因大豆

20 世纪 80 年代，孟山都公司研究人员从矮牵牛中克隆获得了抗性基因(EPsPs 基因)，并应用粒导转移脱氧核糖核酸(DNA)技术，将矮牵牛质粒(caMv)中 35s 启动子控制 EPsPs 基因导入大豆基因组中，进而培育出抗草甘膦大豆品种，这种大豆被称为转基因大豆。在大豆田中施用草甘膦除草剂，通常情况下会把大豆植株与杂草一起杀死。而转基因大豆具有耐除草剂草甘膦基因，对非选择性除草剂有高度耐受性，大田中施用草甘膦除草剂不会影响大豆产量。转基因大豆的毒性和安全隐患问题一直备受争议，人们对于转基因大豆有健康和生态两大忧虑：从健康角度来说，转基因的大豆油是否含有对人类有害的成分；从生态角度来说，抗草甘膦大豆田里杂草会不会成为超级杂草，从而打破自然界的生态平衡。

三、精细播种

要做好播种前的土地耕整、购种与种子处理、准备肥料、维修农机具等，因地因种适期播种，合理密植，提高播种质量，为苗全、苗匀、培育壮苗打好基础。

（一）播前准备

1. 种子准备

（1）精选种子　播种前用种子精选机筛选种子，清除病粒、虫蚀粒、特小粒及杂色粒。精选净度达到97%以上，纯度98%以上。

（2）发芽试验　发芽试验是计算播种量的依据。在筛选的种子里，随机取300～500粒种子，放入布袋内，用水浸泡3～5 h，种子充分吸胀后，放在20 ℃左右的温暖处，5～7 d后观察发芽率，要求达到95%以上。

（3）种子处理　①晒种：可以提高发芽率和发芽势，有利于田间出苗整齐。宜选晴天，将种子放在竹席或布单上晒种1～2 d，切忌在水泥场上晒种，避免热伤种子。②拌种：选用微量元素和药剂拌种。大豆施钼是一项经济有效的增产措施。宜采用拌种方法，一般每50 kg种子用钼酸铵20～30 g，配制成1%～2%的钼酸铵溶液，喷于种子上，边喷洒边搅拌均匀，阴干后播种。为防治大豆根瘤病，可用50%多菌灵拌种，用药量为种子重量的0.3%。有大豆胞囊线虫为害的地块，播种前可用杀虫剂进行土壤处理。③接种：第一次种植大豆的地块，宜进行根瘤菌接种，有明显的增产效果。方法是将根瘤菌剂倒入清水中，搅拌均匀后，将菌液喷洒在种子上，充分搅拌，阴干后播种。注意根瘤菌接种的种子不可再用药剂拌种。

2. 肥料准备

（1）施肥原则　根据大豆的需肥规律，为满足大豆生长发育对养分的需要，做到测土配方施肥，遵循基肥为主、种肥为辅、看苗追肥的原则。合理施肥，既要保证大豆有足够的营养，又要发挥根瘤菌的固氮作用，施氮量不宜过多，以免影响根瘤菌生长或引起植株倒伏。另外，也要防止抱有“大豆有根瘤菌固氮就不需要施氮肥”的错误观念。

（2）备足基肥　在前茬作物秸秆粉碎还田的基础上，每公顷准备15 t农家肥，或3000 kg商品有机肥，在翻耕整地前施于土壤耕作层；大豆专用配方肥

450 kg,或氮磷钾含量 15-15-15 复合肥 375 kg,在播种前旋耕整地时施用。

3. 整地准备

(1)耕翻　通过耕翻,翻埋前茬秸秆、杂草及病虫等,加快土壤熟化,创造一定深度的疏松耕层,有利于养分的充分利用,为提高播种质量和出苗创造条件。耕翻时间因前茬作物、天气和土壤湿度而不同。一年一熟制地区,前作小麦地宜在伏天耕翻,玉米、高粱、谷子等地块宜在秋季深翻。选择晴天、土壤适墒耕翻,耕深 20 cm 左右。两熟或三熟制地区,宜在前茬作物收获后及时耕翻,采取浅耕或旋耕,耕深 15 cm 左右。实行保护地耕作的地块,可采取深松耕作方法,利用深松铲,深松土壤而不翻转土层,实行间隔深松,一般深松 25～30 cm。

(2)整地　根据地块大小、土壤质地、种植方式及降雨数量等条件,选择适宜的整地方法。平原丘陵地区,选用大中型耕整机械,将旋耕、开沟、定厢一体化完成;山区坡地或小块地,宜选用小型旋耕机,先旋耕再开沟。雨水较多或地下水位高的地块,按 2～3 m 距离开沟定厢,便于排水;干旱地区按 3 m 左右距离起埂定畦,便于浇水。

(二)适期播种

大豆的播种适期,应根据温度、土壤水分、无霜期、品种特性以及前作物茬口等因素而定。

1. 春大豆适期播种

春大豆当土壤表层 5～10 cm 温度达到 12 ℃即可播种,14 ℃时播种较为安全。在适宜温度范围内争取提早播种,既可避免早春干旱影响出苗,又能增加生育日数,从而提高产量。但若播种过早,地温较低,种子发芽缓慢,造成成苗率低,且易染病,也有可能遭受晚霜冻害,形成缺苗断垅;播种过迟,生育期缩短,造成迟熟,影响产量及品质。

2. 夏大豆适期播种

夏大豆播种越早,产量越高。但常会受到前茬作物收获期及土墒情等因素的影响,应在前茬作物收获后,在 6 月上中旬抢时抢墒播种。

3. 秋大豆适期播种

南方地区秋大豆应根据品种的生育期,确保在霜期之前大豆成熟收获,抢在 7 月上中旬播种。

(三)适量播种

1. 播种量的确定依据

大豆播种量的确定,要根据品种特性、土壤肥力、种植密度、播种迟早和种子大小等因素确定。通常品种生育期长、植株繁茂性强、播期较早、肥力水平较高的地块密度宜稀,播种量宜少;品种生育期短、植株较矮、播期偏迟、肥力水平较低的地块密度宜密,播种量适当大一些。

2. 适宜的播种量

一般春大豆每公顷保有密度 30 万～37 万株,播种量 60～75 kg;夏大豆每公顷的密度 30 万株左右,播种量 60 kg 左右;秋大豆每公顷的密度 55 万株左右,播种量 90 kg 左右。

3. 合适的种植方式

平原或丘岗地区,土地平坦,地块较大,适宜机械化播种,依据春、夏、秋大豆的种植密度,调整合适的行、株距,行距 30～33 cm,株距 6～10 cm。丘陵或山区坡地,地块较小的,可采取人工条穴点播,行距 25 cm 左右,穴距 15 cm 左右,每穴播 2～3 粒种子。播种覆土深度以 3～4 cm 为宜。

四、田间管理

大豆播种以后,就进入了田间管理程序。常言道:大豆夺高产,三分靠种,七分在管。围绕保全苗,攻壮苗,因苗情长势,搞好田间查苗补种,中耕除草,追肥促控,浇水与排渍,防治病虫草害等。

(一)查苗补种

出苗期间,每天坚持下田观察,发现缺苗断垅的,及时选用同品种的种子,进行浸种 3～5 h,然后补种浇水,浅盖土 2～3 cm,以利快出苗。

种植面积较小,或缺苗较少的田块,可采取就地移苗补栽。方法是在幼苗 2～3 叶时,用直播器取苗补栽,浇定根水,细土覆盖。

人工点播的地块,要及时进行间苗定苗。春大豆可在子叶出土展开至两片真叶期进行间苗。夏大豆为防止地下害虫造成缺苗,宜在第一片复叶出现时期间苗定苗。去掉弱苗、小苗、杂苗和病虫为害的苗,拔除杂草。

（二）中耕除草

大豆是中耕作物，幼苗期生长缓慢，易生杂草，多雨季节，还会造成土壤板结。宜在大豆苗期及早进行中耕。通常当幼苗出土，子叶展开后进行第一次浅中耕，深度 3～4 cm，以破除板结和除草为主；第二次中耕在分枝期，耕深 8～10 cm，以松土通气和培土为主，培土高度超过子叶节，既利于根系生长，又可预防倒伏。

杂草严重的田块，根据杂草种类，可选用适宜的除草剂，在大豆苗 3～5 叶期，杂草 2～3 叶期喷施。

（三）因苗促控

1. 追肥促壮

在初花期，看苗情长势追施速效氮肥，培育壮苗。生长正常苗，每公顷追施尿素 60 kg 左右；苗小苗弱的田块，追施尿素 75 kg 左右，长势偏旺的不追肥或迟到茎叶色转淡时追施 45 kg 左右。

2. 控旺稳长

在大豆初花至盛花期，对长势旺的，可喷施生长抑制剂 2，3，5-三碘苯甲酸，初花期 100 mg/L，盛花期 200 mg/L 均兑水 65 kg 喷洒植株，具有矮化植株与防倒等作用。

（四）抗旱排渍

大豆对水分需求有“干花湿板”的特点，就是开花期需要晴天，结荚期需要水分大一点。在结荚鼓粒期，豆粒增大快，需水量大，当土壤含水量低于田间最大持水量 70％～75％时，需及时灌溉，随灌随排，田间不积水。

南方多雨地区，或北方出现多雨季节，要做好排水系统的清理，及时排除田内涝渍。

（五）防治病虫害

1. 大豆病害

大豆病害种类较多，常发生为害较大的有大豆病毒病、霜霉病、锈病、灰斑病、褐斑病、紫斑病、细菌性斑点病、孢囊线虫病、疫霉根腐病、炭疽病、荚枯病、菌核病等。坚持预防为主，综合防治。在做好种子检疫，轮作换茬，选用抗病品种等预防的基础上，适时进行化学防治。

(1)大豆病毒病 主要有花叶病、芽枯病、矮化毒病三种，尤以花叶病较为普遍。主要由种子带毒和蚜虫传播，以使用无毒种子和防治蚜虫为主。

(2)大豆霜霉病、紫斑病 主要为害幼苗、叶片、荚和籽粒，可采用药剂拌种，进行种子消毒处理；大田发病初期，宜选用对口农药喷施植株防治。

(3)大豆孢囊线虫病 主要为害大豆根系，在播种前或出苗后，选用适宜的杀菌剂，制成药液或毒土，进行土壤处理。

2. 大豆害虫

大豆害虫有食心虫、蚜虫、红蜘蛛、豆荚螟、造桥虫等。防治技术上，要搞好害虫发生预测预报，达到防治标准，适时选用适宜的杀虫剂，进行全面防治。

五、收获与贮藏

(一)收获适期

大豆收获适宜时期，因利用目的而不同。作绿肥用的在开花盛期，进行耕翻埋入土中为宜；作牲畜青饲料的在开花至结荚期收割，以籽粒发育达一半时收割为最好，此时茎叶产量最高，含纤维素较少，含蛋白质多。作蔬菜用的宜在豆荚饱满时采收为好。

以采收大豆成熟籽粒为目的，宜在叶片大部分干燥脱落，茎荚呈草枯色，种粒已与荚壁分离，种子达半干硬，并呈原有品种的色泽，以手摇植株发出响声时，在一周内及时收割。如逾期不收，天气干燥时荚易爆裂，损失较大；如发生连阴雨，造成种子发霉，品质变劣。

(二)收获方法

选用联合机收获，宜在豆荚和豆秆含有露水的上午收获，减少损失，一般留茬高度 10 cm 左右。机收的质量指标要求一般为：漏割漏收＜0.5%，脱粒不净率＜0.5%，脱粒吹散损失率＜0.5%，纯净度＞95%，破碎率＜2.0%。

不宜实行机收的田块，坚持人工收割、运至晒场晒干脱粒，宜适当提早 1～2 d 收割，籽粒在茎荚上后熟，防止裂荚落粒损失。

(三)贮藏

大豆籽粒含脂肪较高，吸湿性强，易出现变质。含水量要求控制在 13.5%

以下，贮藏才比较安全。大粒种子含水量在12%时可较长时间贮藏。贮藏大豆的场所要干燥通风。

当种用的，以囤贮或袋装堆积时，应根据种子含水量、仓贮条件及天气变化情况确定高度。

复习思考题

1. 大豆起源于中国哪些地方？
2. 现今世界大豆主产地有哪些国家？
3. 大豆生长发育经历哪几个时期？
4. 大豆根系生长的根瘤菌有什么作用？
5. 大豆田间管理要采取哪些主要技术措施？

第五章

马铃薯绿色生产技术

本章着重介绍马铃薯的起源与发展，生产与市场信息，马铃薯生长发育系统的理论知识，绿色高效集成的生产技术。

第一节 马铃薯产业发展概况

马铃薯是世界上古老的栽培作物，遍布世界主要农业区，用途广泛，既是主要的粮食作物，又是蔬菜、饲料和工业原料兼用作物，对全球粮食安全发挥着重要作用。

一、马铃薯的起源与传播

马铃薯起源于美洲，传播到欧洲和北美洲，快速发展于亚洲。

（一）马铃薯的起源

根据科学考证，马铃薯的起源中心有两个：一个是南美洲哥伦比亚、秘鲁、玻利维亚的安第斯山区及乌拉圭等地；另一个是中美洲及墨西哥中部。生活在拉丁美洲的古印第安人最早食用马铃薯的历史可以上溯至公元前10000至公元前8000年，而马铃薯栽培最早出现于公元前5000至公元前2000年。近代考古学家在靠近秘鲁利马的奇卡盆地发掘出的马铃薯残枝和块茎，经碳14测定距今已有8000年。

（二）马铃薯的分类

马铃薯的原产地南美洲分布着许多马铃薯种，从南纬50°起经南美洲和中美洲所有国家延伸到美国南部各州，共有 160 多个命名种，其中绝大部分生长在南美洲。马铃薯的栽培种在南美洲分布极广，从南纬 40°以北到赤道以南，从海平面到海拔高 4000 m 以上的安第斯山都有种植。宽泛的分布范围和海拔落差造成的环境条件差异不断地促进了马铃薯新种的形成。目前已知马铃薯野生种的分布范围超出南美洲以外，在中美洲墨西哥及美国西南部都有发现，在南美洲南纬 40°以南的地方也有野生种的存在。

科学家们从植物形态学、生物系统学和细胞学等不同领域进行了大量研究。通过植物形态上的区别、结薯习性或其他特征进行区分和归类，把马铃薯分为 7 个栽培种和 228 个野生种。

（三）马铃薯的传播

15 世纪末，哥伦布发现美洲新大陆后，将马铃薯传播到世界各地，现已有 5 大洲的 160 多个国家和地区广泛种植。

1. 马铃薯向世界的传播

1551 年西班牙人瓦尔德姆从秘鲁把马铃薯块茎带到了西班牙，葡萄牙和意大利是最早从西班牙引进马铃薯的国家。1565 年英国人哈根从智利把马铃薯带至爱尔兰，并推广到英伦三岛，后来传播到威尔士以及北欧诸国，后来又引种至英国大不列颠王国所属的殖民地及北美洲。1583 年马铃薯传到比利时，1588 年传到奥地利，1589 年传到德国、瑞士，1600 年传到法国。

1621 年，北美洲大陆从英格兰引进马铃薯种植在弗吉尼亚；1718 年爱尔兰向北美洲移民，马铃薯随移民带入美国南部一些州种植。

俄国在 17 世纪后期引进马铃薯，1765 年俄国遭受饥荒，从普鲁士、爱尔兰引进马铃薯种薯在全国种植，并公布了《马铃薯种植条例》《马铃薯贮藏和运输条例》，1925 年开始到南美洲采集马铃薯种质资源，逐步建立了比较完善的马铃薯繁育体系。

16 世纪末至 17 世纪初，荷兰人将马铃薯由海路传到新加坡、日本和中国台湾；17 世纪中期西班牙人把马铃薯带到印度和爪哇等地；大约 17 世纪晚期，马铃薯传入菲律宾、西印度群岛和非洲一些沿海地区；1679 年法国人把马铃薯带到新西兰，英国传教士于 18 世纪把马铃薯引种到澳大利亚。

2. 马铃薯传入中国的历史

根据我国科学家的考证，马铃薯最早传入中国是明万历年间（1573—1619

年)。据史料记载和学者考证,马铃薯传入中国的路径大概有3条:

(1)东南路　荷兰是世界上出产优质马铃薯种的国家之一,荷兰人在盘踞台湾期间将马铃薯引入,后经台湾海峡传入广东、福建一带,并向江浙一带传播,这里的马铃薯又被称为荷兰薯。

(2)西北路　马铃薯由晋商自俄国或哈萨克汗国(今哈萨克斯坦)引入中国,并在适宜气候条件下扩大种植面积。

(3)南路　马铃薯主要由南洋印尼(荷属爪哇)传入广东、广西,在这些地方马铃薯又被称为爪哇薯,后又向云南、贵州、四川传播,四川《越西厅志》(1906年)有"羊芋,出夷地"的记载。

二、世界马铃薯产业发展概况

马铃薯种植遍布世界五大洲160多个国家和地区,其中亚洲和欧洲种植面积较大,分别占全世界总面积的51.2%和29.6%。

(一)世界马铃薯生产情况

据联合国粮农组织统计,全世界年均马铃薯播种面积,1948—1952年为2260万 hm^2,1961—1965年为2373万 hm^2,1974—1976年为2247万 hm^2,1994—1996年下降为1840万 hm^2,以后基本稳定在1900万 hm^2 以上;单产水平不断提高,由1948—1952年平均仅7845 kg/hm^2,1984—1986年提升到15135 kg/hm^2,2013年达到19455 kg/hm^2,2020年实现播种面积、总产量和单产水平三大突破(表5-1)。

表5-1　1948—2020年世界马铃薯生产情况

项目	播种面积/万 hm^2	总产量/亿 t	单产/(kg/hm^2)
1948—1952年	2260	2.48	7845
1961—1965年	2373	2.83	11955
1974—1976年	2247	2.93	13200
1984—1986年	2020	3.06	15135
1994—1996年	1840	2.90	15750
2004—2006年	1900	3.23	17010

续表 5-1

项目	播种面积 /万 hm^2	总产量 /亿 t	单产 /(kg/hm^2)
2010 年	1817	3.29	18107
2011 年	1928	3.74	19470
2012 年	1920	3.65	19005
2013 年	1933	3.76	19455
2020 年	1649	3.59	21771

资料来源:联合国 FAO 数据库

(二)世界马铃薯生产特点

进入 21 世纪,世界马铃薯生产呈现两大特点:①生产区域向亚热带和热带国家扩展,亚洲的中国、印度等国发展较快。②老产区的欧洲和北美洲种植面积开始调减,单产水平不断提升。据联合国粮农组织统计,2020 年,马铃薯种植面积最多的是中国,为 422 万 hm^2;其次是印度,为 216 万 hm^2;乌克兰是 133 万 hm^2,俄罗斯是 118 万 hm^2。每公顷单产最高的是美国,达 50793 kg,其次是德国 44757 kg,荷兰是 42675 kg。

三、中国马铃薯产业发展状况

马铃薯传入中国 400 多年,种植区域已遍布全国各地,栽培模式多样,可周年生产,经济效益较好,已成为玉米、水稻、小麦之后的第四大粮食作物,是蔬菜、饲料和工业原料兼用作物。20 世纪 50 年代以前,马铃薯主要分布在北方高纬度的冷凉地区和南方高寒地区,这些地方多数是贫困地区,为解决群众的温饱问题发挥了重要作用。20 世纪 80 年代以来,马铃薯逐渐向平原地区推广,种植面积不断扩大,生产水平逐渐提高,用途向多样化拓展,经济价值也得到了极大提升。老产区发展马铃薯促进了农民脱贫致富,新产区丰富了城乡居民菜篮子,马铃薯变成了“金蛋蛋”。

(一)全国马铃薯生产较快发展

20 世纪 90 年代初,苏联解体后,我国就成为世界马铃薯第一生产大国,种植面积和总产量稳步增长。1950 年全国马铃薯播种面积只有 156 万 hm^2,鲜薯总产量 870 万 t，单产 5580 kg/hm^2；1976 年种植面积发展到 417 万 hm^2，随后种植业结构调整，马铃薯面积调减为 250 万 hm^2，1990 年恢复发展，进入 21 世纪快速发展，2013 年种植面积达 562 万 hm^2，总产量达 9594.2 万 t；2016 年种植面积开始下滑为 480 万 hm^2，2020 年为 466 万 hm^2，总产量 8990 万 t，单产上升到 19310 kg/hm^2（表 5-2）。

表 5-2　中国马铃薯生产情况统计表

项目	种植面积 /万 hm^2	总产量 /万 t	单产 /(kg/hm^2)
1950 年	156	870.0	5580
1960 年	305	2550.0	8370
1976 年	417	3790.0	9900
1982—1989 年	259	2751.6	10620
1990—1999 年	345	4540.4	13155
2000—2009 年	465	6852.4	14745
2010 年	521	8153.2	15660
2011 年	542	8829.0	16275
2012 年	553	9276.3	16770
2013 年	562	9594.2	17085
2014 年	557	9551.6	17145
2016 年	480	8490	17688
2020 年	466	8990	19310

资料来源：中国农村统计年鉴—2021

（二）马铃薯种植区域有新拓展

根据各地种植制度，结合马铃薯生物学特性，参照地理、气候条件和气候指标，我国马铃薯种植分为北方一季作区、中原二季作区、西南一二季混作区和南方冬作区等四大生态区域。2008 年农业部发布的《马铃薯优势区域规划》，将我国马铃薯规划为东北、华北、西北、西南和南方冬作 5 个优势区域。在马铃薯产业发展过程中，包含中原区在内，实际上形成了 6 个生产区。

1990 年，全国统计资料中有马铃薯种植的省（区、市）20 个，2020 年增加到

26个，其中种植面积较多的是甘肃、四川、贵州、云南、陕西、重庆、湖北、内蒙古、山西、河北、黑龙江等11个省(区、市)(表5-3)。

表5-3　2000—2020年中国马铃薯主产区生产情况

地区	播种面积/万 hm^2			总产量/万 t			单产/(kg/hm^2)		
	2000年	2010年	2020年	2000年	2010年	2020年	2000年	2010年	2020年
甘肃	41.7	64.6	57.5	105	185	223	2517	2869	3878
四川	30.4	57.5	68.4	92	236	289	3037	4100	4225
贵州	47.8	64.6	82.7	125	141	270	2609	2190	3263
云南	31.7	49.3	48.4	107	153	172	3386	3100	3551
陕西	30.5	27.6	30.9	72	61	84	2367	2207	2718
重庆	30.9	33.6	32.7	83	112	118	2690	3335	3619
湖北	23.1	19.2	24.3	69	62	76	3000	3214	3149
内蒙古	64.6	68.1	27.7	183	167	124	2837	2457	4477
山西	32.2	17.0	16.1	70	21	54	2187	1247	3347
河北	21.2	15.5	15.7	27	45	103	1286	2901	6572
黑龙江	39.0	24.0	6.9	81	123	32	2076	5139	4584
全国	472.3	520.5	465.6	1326	1631	1798	2807	3133	3862

资料来源：中国农村统计年鉴—2021

1. 东北马铃薯优势生产区

本区包括黑龙江、吉林、辽宁、内蒙古等省(区)，2020年马铃薯种植面积43.27万 hm^2，占全国总面积的9.3%，种植面积呈调减的态势。马铃薯生产以脱毒种薯、鲜食商品薯和食品加工原料为主。

该区域气候寒冷，降雨量较充沛，一年种植一季，病虫害发生轻，是我国马铃薯主要的种薯和淀粉加工原料薯生产区域。生产的马铃薯除了本地消费和用于淀粉加工原料外，大量调运到华中、华南等地用于种薯和商品蔬菜，少量出口到俄罗斯和蒙古国。

2. 华北马铃薯优势生产区

本区包括河北、山西、山东、北京、天津等。2020年马铃薯种植面积31.79

万 hm^2，以鲜薯食用、食品加工原料和脱毒种薯生产为主。

该区域气候冷凉，降雨量较少，马铃薯晚疫病发生极轻，是我国主要的种植生产区和薯条、薯片加工原料生产基地。生产的马铃薯除本地食用消费和食品加工外，大量调运到中原、华中和华南等地。

3. 西北马铃薯优势生产区

本区包括甘肃、宁夏、青海、陕西、新疆、西藏等。2020 年马铃薯种植面积为 107.2 万 hm^2，成为全国第二大优势生产区。以优质食用、种薯和加工原料薯生产为主。

该区地处西北高原，光照充足，昼夜温差大，降雨量偏少，马铃薯生育期长，晚疫病发生轻，生产的马铃薯品质优良，是淀粉、薯条和薯片主要的加工原料，是主粮和蔬菜用薯的主产区。生产的马铃薯除本地用于粮食、蔬菜消费和淀粉及粉条加工外，大量用于商品菜调运到中原、华东和华南等地。

4. 西南马铃薯优势生产区

本区包括湖北、湖南、广西、四川、重庆、贵州、云南等。2020 年马铃薯种植面积 267.4 万 hm^2，占全国总面积的 57.4%，成为第一大生产区域，主要是生产食用和加工原料薯。

该区地形地势复杂、生态多样化，马铃薯种植依地势垂直分布，可周年生产，但由于雨量较多，湿度较大，马铃薯晚疫病、青枯病发生较重。生产的马铃薯主要用于鲜薯食用消费和淀粉加工，生产的种薯多供应当地，少量调运到广东、广西等地，以及越南等东南亚国家。

5. 中原马铃薯生产区

本区包括江苏、安徽和河南等，马铃薯种植比较分散，多为蔬菜生产，2020 年种植面积约 6 万 hm^2，占全国总面积的 1.3%。主要是生产早熟、菜用和出口马铃薯。

该区多采取大棚设施栽培，选用优质高产、外形光滑、芽眼少而浅的马铃薯品种，提早上市，获取高效益；露地栽培，推广马铃薯与玉米、蔬菜套种或连作，充分利用土地，提高复种指数。生产的马铃薯除用于当地蔬菜外，多数用于商品出口。

6. 南方冬作马铃薯优势区

本区包括广东、福建、浙江、江西、海南、上海等省、市。2020 年马铃薯种植面积 15.3 万 hm^2，占全国总面积的 3.3%。

该区气候资源条件比较好，马铃薯可与早稻或晚稻等作物实行连作春播、秋播多熟种植，以生产菜用和商品薯出口为主，除满足当地作蔬菜用外，少部分出口到香港及东南亚国家。

（三）马铃薯开发潜力大的区域

根据国家提出“发展马铃薯生产，不与水稻、小麦、玉米三大主粮作物争地”的基本原则，马铃薯开发种植的重点区域，在南方冬闲田及北方水资源缺乏的地区。

1. 开发南方冬闲田扩种马铃薯

长江以南的江西、湖北、湖南、安徽、江苏、浙江、福建、广东、广西、四川、重庆、贵州、云南等，现有冬闲田面积 3300 万 hm^2 左右，可开发一部分增种一季马铃薯。长江流域地区，改一年一季中稻为马铃薯-中稻连作；华南地区，改一年双季稻连作两熟，为早稻-晚稻-马铃薯三熟连作。

2. 调整北方缺水农田改种马铃薯

西北、华北及中原等水资源紧缺的地区，改秋播冬小麦为马铃薯。小麦一生需抽地下水浇灌 3 次左右，马铃薯需水量相对较少，对水分利用率高，多数地方靠自然降水就能满足马铃薯生长发育的需要，或在关键生育时期浇一次水就可以了。

四、发展马铃薯产业的重要意义

马铃薯适应性广，耐旱、耐瘠薄，生育期比较短，产量高，增产潜力大，是充分利用土地资源，节约水资源，提高粮食生产能力，挖掘增产潜力的最佳作物。马铃薯营养成分全面，食用价值高，加工产品多，是改善人们食物结构的保健食品。

（一）马铃薯的经济开发价值

马铃薯经济开发价值比较高，可以充分利用土地资源发展多熟连作或间作套种，节约肥、水、药，保护农田生态环境，提升粮食生产能力，挖掘增产增效潜力。

马铃薯是高产作物，在统计资料中，马铃薯产量比较低，究其原因有 3 个：

①生产环境条件差。多数种植在旱坡地，土层浅，土壤瘠薄，易受干旱或高寒低温影响，生存的气候条件和土壤条件都比较差。②栽培管理粗放。没有按照马铃薯生长发育所需的条件进行种植与管理。③品种老化和退化。品种更新速度比较慢，加之病毒病为害造成种性退化。马铃薯与其他作物一样，只有具备了良好的生长发育环境条件，才能发挥高产的优势。

我国历来都比较重视马铃薯高产攻关研究，农业技术推广部门的科技人员与农民群众一道举办高产示范样板，取得了很好的辐射带动作用。1971 年辽宁大连市创造“土豆抱窝”栽培法，高产攻关田单产达 79500 kg/hm^2；1974 年黑龙江哈尔滨市 $8hm^2$ 土地，平均单产 65250 kg/hm^2；1978 年山东省滕州市龙阳镇南三庄村 $0.5hm^2$ 土地，创双季马铃薯单产 86625 kg/hm^2。

(二)马铃薯的营养价值

马铃薯的营养主要指块茎作为食品的营养，块茎含有的营养成分比较全面，含有人体必需的碳水化合物(糖类)、蛋白质、维生素、膳食纤维等六大类营养物质，是现代人的理想食物之一。

1. 马铃薯的营养成分

(1)蛋白质　马铃薯块茎中蛋白质含量一般为 1.6%～2.1%，高于一般蔬菜，质量与动物蛋白质相近，可与鸡蛋媲美，可消化成分高，蛋白质中含有 8 种人体必需的氨基酸，尤其是蛋白质分子结构与人体的基本一致，能很好地被人体所吸收，吸收利用率几乎高达 100%。

(2)脂肪　马铃薯块茎中脂肪含量较低，一般为 0.1%左右，相当于粮食作物的 1/5～1/2，食用后不会引起人体发胖。

(3)糖类　鲜块茎的含糖量较高，一般为 13.9%～21.9%，其中含淀粉 85%左右，所含淀粉兼有直链和支链结构型，体积大，较禾谷类作物的淀粉更易于吸收。

(4)维生素　马铃薯含有多种维生素，有维生素 A(胡萝卜素)、维生素 B_1(硫胺素)、维生素 B_2(核黄素)、维生素 C(抗坏血酸)、维生素 B_3(泛酸)、维生素 B_6(吡哆醇)、维生素 B_5(烟酸)、维生素 K(凝血维生素)、维生素 M(叶酸)和维生素 H(生物素)等。其中以维生素 C 的含量最丰富，在鲜块茎中占 0.02%～0.04%，新收获块茎中含量最丰富，一个成年人每天吃 500 g 马铃薯，即可满足体内对维生素 C 的全部需要，而禾谷类粮食作物多不含维生素 C。

(5)粗纤维　鲜块茎含有 0.6%～0.8%的粗纤维，低于玉米，高于大米和面粉。

(6)灰分　也称矿物质盐类，总量占干物质的 2.12%～7.4%，一般 500 g 鲜块茎含钾 5.3 mg、钙 48 mg、磷 260 mg、铁 4.0 mg，还含有镁、氯、硅、钠、硼、锰、锌和铜等。马铃薯的灰分多呈碱性，为一般蔬菜所不及，对平衡食物的酸碱度具有显著效果。

2. 马铃薯的膳食营养

马铃薯营养丰富，养分均衡，已被许多国家的人们所重视。1 个 150 g 的马铃薯，维生素 C 的含量相当于 10 个苹果，维生素 A 的含量相当于 2 个胡萝卜，钾的含量相当于 4 个香蕉，花青素的含量相当于 4 个草莓。

欧美一些国家把食用马铃薯与面包并重，当作日常生活中的营养食品。美国农业部高度评价马铃薯的营养价值："每餐只吃马铃薯和全脂奶粉，就可以获得人体所需要的全部营养元素"；法国人称马铃薯为"地下苹果"；德国人称马铃薯为"十全十美"食物，并把马铃薯和爱情看得一样重要。

3. 马铃薯的保健功效

马铃薯的营养成分比较全面，经常食用马铃薯，具有预防中风、减肥、养胃、降血压、通便、治疗皮肤病等功效。

第二节　马铃薯的生长发育及环境条件

马铃薯是双子叶的种子植物，属于茄科茄属的一年生草本植物。马铃薯既可以用块茎繁殖，也可以用种子繁殖，生产上绝大多数是用块茎繁殖。育种工作者采用种子繁殖称为有性繁殖，采用种薯繁殖或块茎繁殖称为无性繁殖。

一、马铃薯的形态特征

马铃薯植株按形态结构可分为根、茎(包括地上茎、地下茎、匍匐茎和块茎)、叶、花、果实和种子几个部分(图 5-1)。

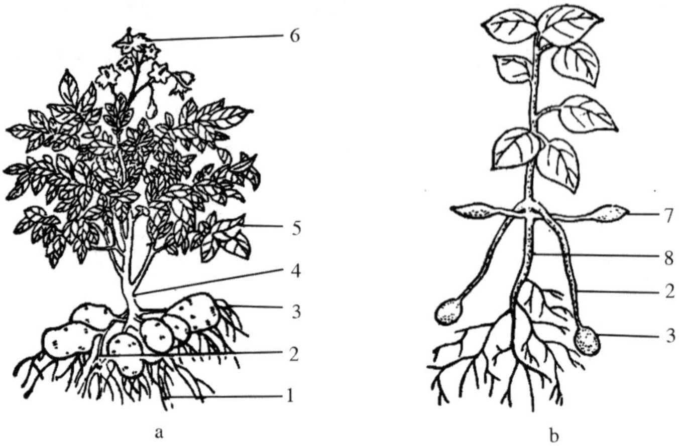

图 5-1　马铃薯的植株和根系

a. 块茎繁殖　b. 种子繁殖

1. 纤维根　2. 匍匐茎　3. 块茎　4. 茎　5. 叶　6. 花序　7. 子叶　8. 圆锥根

(一)马铃薯的根

马铃薯不同的繁殖方式所生长的根系不一样,用块茎进行无性繁殖所发生的根系,无主根和侧根,均为不定根,称为须根系;用种子进行有性繁殖生长的根,有主根和侧根之分,称为直根系。

1. 须根系

由块茎繁殖的植株,形成强大的具有分枝的须根系,根据根系发生的时期、部位、分布状况及功能的不同,又可把须根系分为两类。

(1)芽眼根　是在初生长芽的基部靠种薯处,紧缩在一起的 3～4 节上,密集长出的不定根,称为芽眼根或节根。这是马铃薯在发芽早期发生的根系,分枝能力强,入土深而广,是主体根系。芽眼根发生在幼芽基部,薯块在萌动时,首先发芽,当幼芽伸长到 0.5～1.0 cm 时,在幼芽的基部出现根原基,比幼芽长得快,在幼苗未出土前形成大量的根群,靠这些根的根毛吸收养分和水分。

(2)匍匐根　在地下茎节上部长出的不定根,叫匍匐根。这些根绝大部分在出苗前均已发生,也有的在幼苗生长过程中培土后继续生长出来。匍匐根都在土壤表层,分枝能力较弱,很短,对磷素有很强的吸收能力,并能在很短时间内把吸收的磷素快速转移到地上部茎叶中去。

马铃薯的根系一般为白色,老化时变为浅褐色,属于浅根性作物,根系斜着向下，大部分分布在土壤表层 30 cm 左右，一般不超过 70 cm，个别可深达 150 cm；根系水平方向向外伸展范围也较小，30 cm 左右。一般早熟品种比晚熟品种的根系长势弱、数量少、入土浅；抗旱性强的品种根系发达。

2. 直根系

马铃薯用种子种植时发生的实生苗根系，有主根和侧根，称为直根系。种子在萌发时，先是胚根突破种皮，长出一条较细的主根，垂直向地下伸展，生长迅速；当子叶展开时，主根长度 1.0 cm 以上；当第 1 片真叶出现时，主根伸长达 2.0 cm 以上；2 片真叶展开时，主根长达 3.0 cm 以上，开始生长侧根。实生苗生长到 4～6 片真叶时，开始从子叶叶腋处生长出第一对匍匐茎，最初略呈水平方向生长，随后倾斜向下伸入土中，以后顶端膨大形成块茎。

马铃薯根系生长的多少和强弱，直接关系到植株是否生长健壮，对块茎的产量和质量都有直接的影响，栽培条件起着决定性的作用。土地条件好，土层深厚、土质疏松、肥力水平较高、增施磷肥等，有利于促进根系的生长发育，尤其对匍匐根的生长特别有利。

(二)马铃薯的茎

马铃薯的茎按形态特征和生理功能不同，分为地上茎、地下茎、匍匐茎和块茎。

1. 地上茎

马铃薯块茎发芽生长后，在地面上生长的主干和分枝，统称为地上茎。它是由种薯芽眼萌发的幼芽发育成的枝条。

(1)茎的形态　马铃薯地上茎的高度一般在 30～100 cm，早熟品种比晚熟品种矮。在栽培品种中，地上茎都是直立型或半直立型，茎上节间明显，节间长短与品种、种植密度、氮肥用量及光照有关。

茎的横切面在节处为圆形，节间部分有三棱、四棱或多棱之分。成年植株的茎，节部坚实而节间中空多汁；茎的皮层细胞有叶绿体，茎秆呈绿色，有一些品种茎上的绿色常被花青素所掩盖，因而呈现紫色或其他颜色。

(2)茎的生长特性　茎具有分枝特性，与品种、熟期和种薯大小有密切关系。一般早熟品种分枝出现得晚，在 7～8 片叶时，从主茎上发生分枝，总分枝数较少，且多为上部分枝。中晚熟品种分枝早，在 4～5 片叶时，从主茎上迅速发生分枝，分枝数多而强大，多为基部分枝。种薯大的分枝多，整薯播种的较切块播种的分枝多。

马铃薯茎的再生能力很强，在适宜条件下，每一茎节都可发生不定根，每节的腋芽都能形成新的植株。所以在生产和科研实践中，采用剪秧、育芽掰苗、剪枝扦插、压蔓等措施，都能增加繁殖系数。特别是在茎尖组织脱毒工作中，采用茎切段的方法加速无毒苗的繁殖，效果很好。

2. 地下茎

马铃薯的地下茎，就是种薯发芽生长的枝条埋在土里的部分，下部白色，靠近地表处稍有绿色或褐色，老化时多变为褐色。地下茎长度一般在 10 cm 左右，因播种深度和生育期培土厚度的不同而异，当播种深度和培土厚度增加时，长度随之增加，地下茎上着生根系、匍匐茎和块茎。

地下茎的节数，大多数品种为 8 节左右，在节上长有匍匐根和匍匐茎。

3. 匍匐茎

马铃薯的匍匐茎，是由地下茎节上的腋芽发育而成的，实际上是茎在土壤里的分枝，也叫匍匐枝。匍匐茎是生长块茎的地方，是形成块茎的器官，其尖端膨大就长成了块茎。叶片制造的有机物质通过匍匐茎输送到块茎里。

匍匐茎一般为白色，也有紫红色等彩色。在土壤表层水平方向生长。匍匐茎数目因品种而异，早熟品种 5～7 片叶龄、晚熟品种 8～10 片叶龄时，地下茎节开始伸出匍匐茎，匍匐茎长度一般为 3～10 cm，短则结薯集中，过长则结薯分散。通常 1 条匍匐茎只结 1 个块茎，1 个主茎能伸出 4～8 条匍匐茎，每株可形成 20～30 条匍匐茎，匍匐茎越多，形成的块茎就越多，成薯率一般为匍匐茎总数的 50%～70%，块茎数量过多，单块块茎就小，导致利用价值低，商品性差。播种浅、培土少或者土壤湿度大，容易引起匍匐茎外露，长出叶片，变成地上普通分枝，从而降低结薯数量，影响产量。

4. 块茎

马铃薯的块茎是缩短而肥大的变态茎。它既是马铃薯的营养器官，贮存营养物质的“仓库”，又是繁殖器官，以无性繁殖方式繁殖后代，生产上使用块茎播种(图 5-2)。

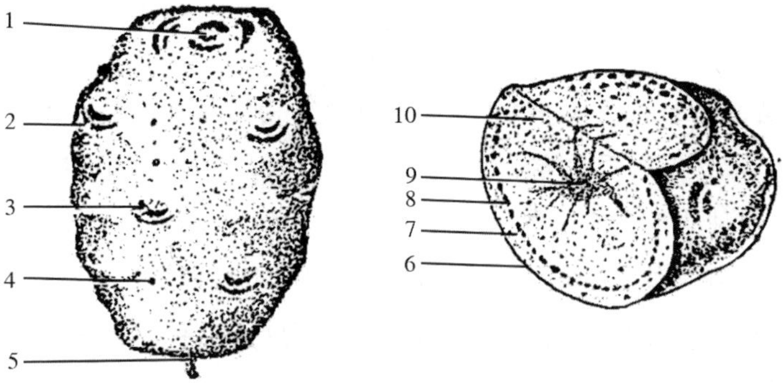

图 5-2 马铃薯的块茎

1.顶部 2.芽眉 3.芽眼 4.皮孔 5.脐部 6.周皮
7.皮层 8.维管束 9.内骨髓 10.外髓层

(1)块茎的形成 当匍匐茎顶端停止了极性生长,由于皮层、髓部及韧皮部的薄壁细胞分生扩大,并有大量淀粉积累,从而使匍匐茎顶端膨大形成块茎。在块茎生长初期,表面每节上都有鳞片状退化小叶,无叶绿体,至块茎稍大后,鳞片状退化小叶脱落,残留的叶痕呈新月状,称为芽眉。芽眉里侧表面向内凹陷成为芽眼。块茎按其在土壤中形成和生长时所处的位置,可分为阳面和阴面,阳面是块茎向着地表的一面,通常较为突出和圆滑;阴面是向着地下的一面,往往是平坦或是凹陷的。一般阳面的芽眼比较多,幼芽萌发早,比较健壮,生长势强。芽眼的深浅可分为浅、中等、深等。

(2)块茎的性状 块茎的大小主要决定于品种和生长条件,一般块茎单重50～250 g,大的可达1500 g以上。块茎的形状有圆形、长筒形和椭圆形三种主要类型。圆形块茎,其纵横的直径几乎相等;长筒形块茎纵向直径超过横向直径的一倍半以上;椭圆形是前二者的中间类型。块茎的不同形状,是因为块茎形成过程中,细胞向多个方向分裂和增大的速度不同所造成的。正常条件下,特定品种的成熟块茎都具有一定的形状,薯形是鉴别品种的重要依据之一。块茎的表皮有光滑、粗糙或有网纹之分,表面可以看到许多小斑点即皮孔,成熟块茎主要通过皮孔与外界进行气体交流,维持正常的体内代谢,也就是呼吸的孔道,又叫气孔。

(3)块茎的颜色 马铃薯块茎的皮色种类很多,有黄色、白色、紫色、淡红色、深红色、玫瑰红等。表皮的色泽随着马铃薯皮层的木栓化物质数量和皮层细胞液中所含的色素而变化，当块茎暴露于光线下，一定时间后变成绿色并产生有毒的生物碱。

马铃薯块茎的肉色有白、黄、红、紫等颜色，食用品种以黄肉和白肉为多，通常黄肉块茎富含蛋白质和维生素。一般特定马铃薯品种的块茎皮色和肉色固定，是鉴别品种的重要依据之一。

(4)块茎的内部结构　马铃薯块茎的横切面上可以看见周皮、皮层、维管束环、外髓、内髓等。周皮即通常所说的薯皮，厚度因品种和环境条件而异，新收获薯块的薯皮变厚木栓化，有利于保护薯块，防止失水过多和不受病原菌的侵害。一旦薯皮受损，细胞就会迅速愈合以形成新薯皮。皮层在周皮与维管束环之间，是一层较薄的贮藏组织。块茎的中央部分为髓部，由含水较多呈半透明芒状的内髓和接近维管束环不甚明显的外髓部组成，外髓占块茎的大部分，是营养物质的主要贮藏之处。内髓部在某些地方与外部芽连接。在块茎的各部分器官中，除周皮、表皮和形成层没有淀粉之外，其他组织都含有淀粉粒。

(三)马铃薯的叶

马铃薯的叶片为奇数羽状复叶。

1. 叶的形态

马铃薯初生叶均为单叶，全缘。

用块茎繁殖的马铃薯初生叶为单叶或不完全复叶，叶片肥厚，叶色浓绿，叶背有紫色，叶面密生茸毛，第 1 片叶为单叶，叶缘完整，平滑；第 2～5 片叶皆为不完全复叶，从第 6 片叶开始生长为奇数羽状复叶。叶片着生在复叶的叶轴上，也叫中肋，顶端一片小叶，叶片大于其他小叶，叫顶小叶；其余小叶都对生在复叶叶轴上，一般有 3～4 对，叶侧小叶，整个叶子呈羽毛状，叫羽状复叶。在侧生小叶叶柄上，还长着数量不等的小型叶片，叫小裂叶，复叶叶柄基部与地上茎连接处有一对小叶，叫托叶。复叶互生，在茎上呈螺旋状排列。叶面光滑或有皱褶，有茸毛或有光泽，叶背面有突出的叶脉网。叶片有厚、薄，叶色有深绿、浅绿之分。

2. 叶的生长

马铃薯叶片的生长过程，分为上升期、稳定期和衰落期。据研究，从出苗至块茎膨大增长期，是叶片快速生长的上升期；稳定期是当植株进入开花期，基本上不再出生新叶片，叶片生长达到最大值，叶面积不再增长并保持较长时间，这段时间维持越长，越有利于充分利用光能，积累的干物质越多；衰落期是指部分叶片开始落黄的时期，马铃薯块茎产量60%以上在这个时期形成。因此，这个时期应防止叶片早衰，尽可能延长绿叶片的寿命，对增产有重要作用。

3. 叶的构造与功能

马铃薯叶的构造包括上表皮、栅状组织、海绵组织和叶背表皮四层。最外层为表皮，有茸毛和腺毛，对叶片利用空气中的水分有很大作用。茸毛有减少蒸腾和吸附空气中的水蒸气而产生凝聚水分的作用，而腺毛能将茸毛上被凝聚着的水分吸收进入体内。

叶片的上下表皮都有气孔，由一对肾形的保卫细胞合成，含有叶绿素，是进行气体交换和水分蒸腾作用的门户。气孔数目的多少和大小，因品种、栽培条件、叶龄和部位不同而不同，一般叶表面每平方厘米有24～64个气孔，而叶背面则有136～268个气孔。

叶片是叶绿体吸收阳光，把根系吸收来的营养和水分，以及叶片本身在空气中吸收的二氧化碳，制造成富有能量的有机物质，通过地上茎、地下茎、匍匐茎，被输送到块茎中贮藏起来，供应根、茎、叶、花等生长之用。叶片是进行光合作用、制造营养物质的主要器官，是形成产量的活跃部位。因此在生产过程中，要使植株生长一定数量的叶片，以形成足够规模的有机物质"制造工厂"，源源不断地制造出更多的营养物质，保证块茎干物质的积累，获得更高的产量。

（四）马铃薯的花

马铃薯的花，既是有性繁殖的器官，进行人工杂交育种的唯一部位，又是鉴别马铃薯品种的一个明显依据。

1. 花序及花的组成

马铃薯的花序为分枝型的聚伞花序。花序的主干着生在茎的叶腋或叶枝上，称为花序总梗，其上有分枝，花着生于分枝的顶端。每个花序一般有2～5个分枝，每个分枝上有4朵花左右。

马铃薯的花蕾由5片花萼包围，每朵花由花萼、花冠、雄蕊和雌蕊四部分组成。花由5瓣连接，形成轮状花冠。花内有5个雄蕊、1个雌蕊。每个小花有1个花柄着生在花序上。小花柄上有1个节，落花、落果都是由这里产生离层后脱落的。花冠的颜色有白色、浅红色、紫红色及蓝色等,雄蕊有 5 个,与合生的花瓣互生,花药聚生,呈黄色、黄绿色、橙黄色等,5 枚花药抱合中央的雌蕊(图 5-3)。花冠及雄蕊的颜色,雌蕊花柱的长短、呈直立或弯曲状态,柱头的形状等,都是区别马铃薯品种的主要标志。

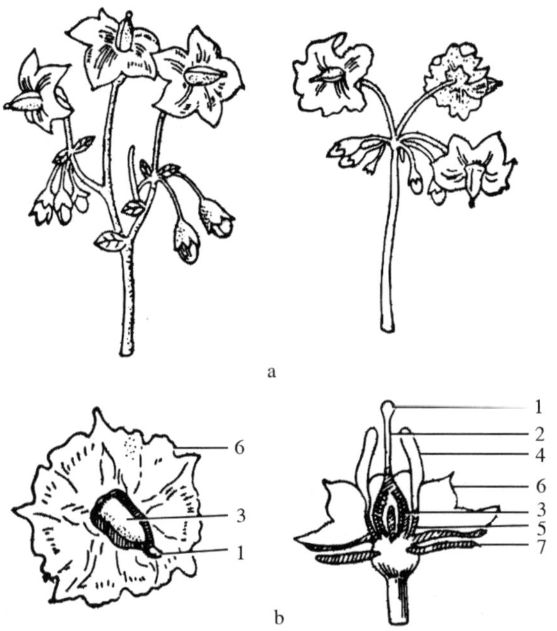

图 5-3　马铃薯的花序和花

a. 伞形花序　b. 花

1. 柱头　2. 花柱　3. 子房　4. 花药　5. 花丝　6. 花冠　7. 花萼

2. 开花习性

马铃薯的开花有明显的昼夜周期性,即白天开放、夜间闭合。一般每天早晨 5—7 时开放,下午 16—18 时闭合;阴雨天开放时间推迟,闭合时间提早。每朵花开放的时间为 3～5 d,一个花序开放的时间可持续 10～40 d,整个植株开花期可持续 10～50 d。早熟品种一般只抽 1 个花序,在南方地区常不抽花序,中晚熟品种能抽出几个花序,开花的顺序是每一花序基部的花先开,然后由下向上依次开放。

(五)马铃薯的果实

马铃薯的果实是开花授粉后由子房膨大而形成的浆果,呈圆形或椭圆形,看上去像小番茄。坐果后 30～40 d，浆果果皮由绿色逐渐变成黄白色或白色。果实由硬变软，并散发出香味，即达成熟。里面的种子很小，千粒重只有 0.3～0.6 g，种子的休眠期很长，一般为 6 个月，可贮藏 4～5 年。浆果内的种子数量差异很大，一般为 100～250 粒，有的浆果为伪果，没有种子。

种子一般为扁平近圆形或卵圆形，由种皮、胚乳、胚根和胚轴组成(图 5-4)。种皮颜色因品种而异，一般为浅褐色或淡黄色，种皮上密布细毛。

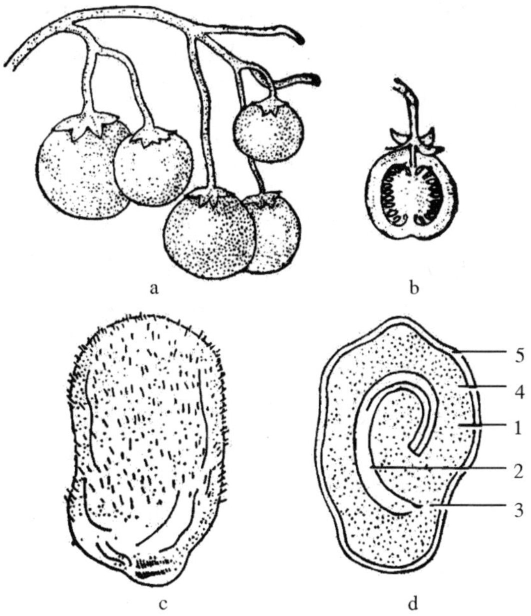

图 5-4　马铃薯的果实和种子

a. 果实的外形　b. 果实的纵剖面　c. 果实的外形　d. 种子的纵剖面

1. 子叶　2. 胚轴　3. 胚根　4. 胚乳　5. 种皮

二、马铃薯生育期

马铃薯生育期是指块茎从打破休眠、芽眼萌发生长，到新的块茎成熟的整个生育过程。蒋先明对马铃薯生育过程中植株的形态、生理等进行分析，根据栽培经验以及以植株解剖结构、生理生化和物质运转的动态为依据，将马铃薯的生长发育过程分为三段五个时期。

(一)发芽期

从种薯解除休眠，芽眼处开始萌芽、抽生芽条，直至幼苗出土为发芽期。发芽期一般需要 30～40 d,其长短与芽势主要取决于马铃薯品种特性、种薯贮藏条件、种薯的生理年龄、打破休眠的程度、种薯的健康状态、栽培季节、栽培技术水平、土壤墒情、氧气含量和温度。这一时期进行主轴第一段的生长,生长中心是芽的伸长、发根和匍匐茎的分化,同时伴随着叶、侧枝和花原基等器官的分化,是马铃薯出苗、生根、壮苗和结薯创高产的基础。发芽期生长所需养分和水分,主要靠种薯和幼根从土壤中吸取供给。

发芽期的管理关键是提供良好的土壤温度、湿度条件,把种薯中的养分、水分、内源激素等充分调动起来,更好地供给茎轴、根系和叶原基等的分化和生长,尽快发芽出苗。

(二)幼苗期

从幼苗出土到主茎第一叶序环的叶片完成的过程为幼苗期。马铃薯完成幼苗期的时间很短,一般为 15～20 d,这一时期进行主茎轴第二段生长,早熟品种第 6 叶、晚熟品种第 8 叶展平,为幼苗期结束的形态标志,俗称团棵。幼苗期生长中心主要是茎叶和根,茎叶分化很快,主茎及其他器官分化完毕,且主茎顶端已经分化出花蕾、侧枝,叶开始生长,约 2 d 生出 1 片叶。在出苗后 7～8 d,地下匍匐茎开始水平方向生长,团棵前后匍匐茎末端开始膨大,形成块茎雏形。

此期管理重点是促根、壮苗,保证根系、茎叶和块茎的协调分化与生长。生产措施主要是适时适量追施促芽肥。

(三)发棵期

从团棵开始到主茎形成第二叶序环的叶片,到封顶叶展平,完成主茎第三段生长,早熟品种以第一花序开花,晚熟品种以第二花序开花为发棵期结束标志。从团棵到开花,为时 30 d 左右。

发棵期的生长中心是茎叶迅速生长,根系继续扩大,块茎逐渐膨大。主茎节间急剧伸长,使株高达到总株高的 50%左右,主茎叶已全部形成功能叶,分枝叶也相继扩大,早熟品种叶面积占总叶面积的比例为 80%左右,晚熟品种在 50%。

此期是决定单株结薯多少的关键时期。生产管理上搞好因苗促控,先采取以肥水促茎叶生长,形成强大同化体系;继而进行中耕培土,控秧促根,促进生长中心由茎叶生长迅速转向块茎生长为主。

(四)结薯期

主茎生长完成,顶端显现花蕾,开始侧生茎叶生长,进入以块茎生长为主的结薯期。结薯期一般历时30～50 d。这个时期叶面积由生长高峰到锐减,基部叶片开始枯黄脱落,块茎膨大速度加快,是形成产量的关键时期,产量的80%左右在此时期形成。

管理重点是防止茎叶早衰,尽量延长茎叶功能期,增强光合作用时间和强度,加速同化产物向块茎运转和积累。

(五)成熟期

当地上部50%以上的植株大部分叶片变黄,块茎停止生长为成熟期。此时马铃薯地上茎叶和地下块茎均已停止生长,块茎进入休眠期,应抢晴天适时收获。

三、马铃薯生长环境条件

马铃薯在生长发育的每个时期,对环境条件的要求不一样,只有满足适宜的生长条件,才能确保获得优质高产高效。马铃薯的生长发育所需的外部环境条件主要是温度、水分、光照、土壤和养分。

(一)温度

马铃薯的发源地是南美洲安第斯山脉的高原地区,年平均气温为5～10 ℃,生长发育需要较冷凉的气候条件,不适宜太高的气温和地温。

解除休眠的块茎,当10 cm土层的温度稳定在5～7 ℃时,种薯的幼芽在土壤中就可以缓慢地萌发伸长;当温度上升到10～12 ℃时,幼芽生长健壮;13～18 ℃时,芽条茁壮,根量较多。温度低于4 ℃时种薯不能发芽,温度过高,也不发芽,易造成种薯腐烂。

幼苗期和发棵期,是茎叶生长和进行光合作用制造营养物质的重要阶段。茎的伸长在18 ℃最适宜,6～9 ℃极缓慢,高温则引起植株徒长。

叶片扩展的下限温度为7 ℃,16 ℃比27 ℃扩展快。对花分化的影响主要是夜温,12 ℃形成花芽,但不开花,18 ℃大量开花。这一时期的适宜温度为16～20 ℃。如果气温过高,光照又不足,叶片就会长得大而薄,茎节伸长变细,植株容易出现倒伏。

16～18 ℃的土温与 18～21 ℃的气温，对块茎的形成和增长最为有利。超过 21 ℃时，生长就会受到抑制，生长速度明显下降。土温超过 25 ℃，块茎基本停止生长。结薯期昼夜温差越大越好，只有在夜温较低的情况下，叶片制造的有机物质才能由茎秆中的输导组织运送到块茎里。如植株处在白天 20～30 ℃的情况下，夜间气温 12 ℃能形成块茎，若夜间气温 23 ℃以上则无块茎形成。

马铃薯生长对温度的要求，决定了不同地区马铃薯种植的季节，如东北和西北地区，7 月份平均气温 21 ℃左右，马铃薯的种植时间可安排在春季和夏初，一年种植一季；中原地区可在早春和秋季种植；江南地区夏季和秋季高温时间特别长，只有在冬季和早春种植。

（二）水分

马铃薯是需水较多的作物，茎叶含水量比较大，活植株的水分约占 90%，块茎含水量也达 80%左右。水能把土壤中的无机盐营养溶解，使马铃薯的根系将营养物质吸收到体内利用。水也是进行光合作用、制造有机营养的主要原料之一，而且制造的有机营养，也必须依靠水作为载体才能输送到块茎中进行贮藏，马铃薯不同生长时期对水分的要求不同。

发芽期芽条仅凭块茎内贮备的水分便能正常生长，待芽条发生根系从土壤吸收水分后才能正常出苗。所以，此时期要求土壤保持湿润状态，土壤含水量至少应为田间最大持水量的 40%～50%，才可以保证出苗。如水分不足，则影响出苗。

幼苗期土壤水分保持在田间最大持水量的 50%～60%，有利于根系向土壤深层发展，以及茎叶的健壮生长。如果这个时期水分太多，反而会妨碍根系发育，降低后期的抗旱能力。

发棵期是马铃薯需水量由少到多的时期，前期应保持土壤水分为田间最大持水量的 70%～80%。如果水分不足，小于 40%，地上部分的生长受到阻碍，影响出苗，植株就会生长缓慢，发棵不旺，棵矮，叶小，花蕾易脱落，发棵后期土壤水分应逐步降到 60%，以适当控制茎叶生长，以利于适时进入结薯期。发棵时期的需水量，占全生育期需水总量的 1/3。

结薯期块茎膨大需要充分而均匀的土壤水分。水分短缺会导致严重减产。

结薯前期、中期是马铃薯需水最敏感的时期，也是需水量最多的时期。这个阶段的需水量占全生育期需水总量的50%以上。土壤水分宜保持为最大持水量的80%～85%，如果这个时期缺水干旱，块茎就会停止生长，以后即使再降雨或有水分供应，在植株和块茎恢复生长后，块茎也容易出现二次生长，形成串薯等畸形薯块，降低产品质量。如果水分过多，茎叶易出现疯长，不仅大量消耗营养，而且会使茎叶细嫩倒伏，为病害的侵染造成有利条件。结薯后期逐渐降至最大持水量的50%～60%，切忌水分过多，土壤过于潮湿，块茎的气孔开裂外翻就会造成薯皮粗糙，易被病菌侵入，对贮藏不利。若是土壤水分严重过多，块茎在土中缺氧气，不能呼吸，就会把块茎憋死在地里（称为窒息），造成田间烂薯，严重减产。

（三）光照

马铃薯是喜光作物，植株生长、形态结构的形成和产量的多少，与光照强度及日照时间的长短密切相关。

马铃薯在幼苗期、发棵期和结薯期，都需要有较强的光照。只要有足够的强光照，在其他条件能得到满足的情况下，马铃薯茎秆粗壮，枝叶茂密，容易开花结果，薯块大，产量高。特别是在高原、高海拔与高纬度地区，光照强，温差大，适合马铃薯的生长和养分积累，容易获得优质高产。若光照不足，则养分积累少，茎叶嫩弱，不开花，块茎小，产量低。

栽培的马铃薯品种大多是长日照类型。发棵期喜欢长日照；结薯期要求光照强度大，光照时间短，昼夜温差大，有利于结薯和养分积累，块茎大，产量高，干物质含量高。另外，光照对马铃薯幼芽有抑制作用。在光照充足的条件下，幼芽生长缓慢，短而粗壮，颜色发紫，这样的短壮芽种到地里就能长出健壮的植株，有利于增产。播种前在散射光下，对种薯催芽是一项重要的增产措施。

（四）养分

养分是作物的粮食。马铃薯是高产作物，需要养分比较多。马铃薯生长的养分来源，除了土壤提供根系吸收部分外，主要来自各种有机肥料、无机肥料和生物肥料等。"庄稼一枝花，全靠肥当家"。如果肥料不足，就不能满足马铃薯的正常生理活动，会造成马铃薯植株弱小、结薯个小、量少、产量低及品质不良等。

马铃薯所需营养元素种类与其他作物大体一样，主要是氮、磷、钾，通常称为三大要素。马铃薯耗钾量最多，氮次之，最少的是磷。据研究，每生产1000 kg马铃薯块茎，需要从土壤中吸收钾素11 kg、氮素5 kg、磷素2 kg。

1. 钾肥

马铃薯是喜钾作物，钾素主要用于茎秆和块茎的生长发育。充足的钾肥，可以使植株生长健壮，茎秆粗壮坚韧，延缓叶片衰老，延长光合作用时间和增强有机物质制造的强度，增强抗倒伏、抗寒和抗病性能力，使块茎蛋白质、淀粉、粗纤维等含量增加，减少空心，提高产量和质量。缺少钾肥，会造成植株弯曲，节间缩短，叶缘向下卷曲，叶片由绿色变为暗绿色，最后变成古铜色，同时叶脉下陷，根系不发达，匍匐茎变短、块茎小、产量低，质量差，煮熟的块茎肉呈灰黑色。马铃薯吸收钾量较大，一般每公顷需施氧化钾60～90 kg。

2. 氮肥

适量的氮素能使马铃薯植株枝叶繁茂、叶片墨绿，为有机营养的制造和积累创造有利的条件；还能增加块茎中的蛋白质含量，提高块茎的产量。因此，氮素是马铃薯植株健壮生长和获得较高产量不可缺少的营养。氮肥不足时，植株生长矮，长势弱，叶片小，叶色淡绿发灰，分枝少，开花早，下部叶片提早枯萎和凋落，产量降低；氮肥过量，植株疯长，营养分配打乱，大量营养被茎叶生长所消耗，匍匐茎“窜箭”，降低块茎形成数量，延迟结薯时间，造成块茎晚熟和个小，干物质含量降低，淀粉含量减少，还会导致枝叶太嫩，容易感染晚疫病，造成产量损失。因此，在施用底肥时，氮肥不能过多。一般中等以上肥力地块，每公顷施纯氮75 kg左右。

3. 磷肥

马铃薯吸收的磷肥，前期主要用于根系的生长发育和匍匐茎的形成，使幼苗健壮，提高抗旱、抗寒能力；在后期主要用于干物质和淀粉的积累，促进早熟，提升品质，增加耐贮性。同时，磷肥的施用还能增强氮肥的增产效应。如果缺磷，则生长缓慢，植株矮小，叶片稍卷曲，边缘有焦痕，长势弱，块茎内出现褐色锈斑，煮熟时锈斑处发脆，影响食用。磷肥吸收利用率一般为20%～30%，因而应适当增加施用量，中等肥力地块施用五氧化二磷45 kg/hm^2。

4. 微量元素

施用微量元素，能加速马铃薯植株的发育，延迟病害的发生，且能改进块茎的品质和耐贮性。

(1)钙肥　土壤缺钙,可增施石灰 600 kg/hm^2 为基肥,生长期缺钙可叶面喷施 0.3%过磷酸钙溶液。

(2)镁肥　土壤缺镁,可增施钙镁磷肥等含镁肥料,生长期缺镁可喷施 0.5%的硫酸镁溶液。

(3)硼肥　缺硼土壤,可增施硼砂 7.5 kg/hm^2 为基肥。

(4)锌肥　土壤缺锌时,可增施硫酸锌 7.5 kg/hm^2 为基肥。

(5)锰肥　植株缺锰时,可叶面喷施 0.5%的硫酸锰溶液。

(五)土壤

马铃薯是喜微酸性土壤的作物。pH 为 4.8～7.0 时,马铃薯生长都比较正常;pH 为 5.64～6.05 时,有增加块茎淀粉含量的趋势;当 pH 在 4.8 以下时,土壤接近强酸性,植株叶色变淡,呈现早衰、减产;pH 7.8 以上时,不适于种植马铃薯,这类土壤种植马铃薯不仅产量低,而且不耐碱的品种,播种后块茎的芽不能生长甚至死亡。

马铃薯对土壤适应范围较广,最适合马铃薯生长的土壤是轻质壤土,因为块茎在该土壤中生长,有足够的空气,呼吸作用才能顺利进行。轻质壤土比较肥沃,又不黏重,透气性良好,不仅有利于块茎和根系生长,而且还有利于增加淀粉含量。在这类土壤上种植马铃薯,一般发芽快,出苗整齐,块茎表皮光滑,薯形正常,便于收获。

黏重的土壤种植马铃薯,最好采用高垄栽培技术。这类土壤通气性差,平栽或小垄栽培,常因排水不畅造成后期烂薯。土壤黏重易板结,常使块茎生长变形或块茎形状不规则。但这类土壤只要是排水通畅,其保肥、保水能力强,种植马铃薯往往产量很高。对这类土壤的管理,掌握好中耕、除草和培土的墒情很重要,一旦土壤板结变硬,造成培土困难,易出现块茎外露,影响品质。这类土壤生产的马铃薯块茎淀粉含量一般偏低。

沙性大的土壤,保肥保水能力差,种植马铃薯应特别注意增施肥料,改良土壤。采取平作种植,适当深播,不宜垄作浅播,因垄作一旦遇大雨,容易把沙土冲走,会使匍匐茎和块茎露出,不利于马铃薯的生长。在沙土中生长的马铃薯,块茎特别整洁,表皮光滑,薯形正常,淀粉含量高,易于收获。

石灰质含量高的土壤，种植马铃薯容易发生疮痂病。因为这类土壤中放线菌特别活跃，常使马铃薯块茎表皮受到严重损害，在这类土壤种植，应选用抗病品种、增施酸性肥料。

第三节　马铃薯集成栽培技术

围绕马铃薯产业发展，因地制宜搞好绿色生产，推广高效种植模式，选用优良品种，测土配方施肥，科学田间管理，夺取马铃薯优质高产丰收。

一、推广高效种植模式

全国马铃薯种植区域广泛，各地区耕作制度、种植方式、播种季节、栽培技术等多样化，要因地制宜推广轮作、套作和间作高效种植模式。

（一）轮作模式

马铃薯连作种植，会引起严重的病虫害；也不宜与茄子、辣椒、番茄、烟草等茄科作物连作种植，否则，难以防控茄科作物共有的青枯病、疫病、病毒病、癌肿病、二十八星瓢虫等病虫害。因此，要进行轮作种植。

马铃薯宜与禾谷类作物、豆类作物和纤维类作物轮作。马铃薯与这些作物既无共同的病虫害，养分需求也不相同，而且种植马铃薯后土壤疏松，又少杂草，所以是良好的搭配模式。东北和西北一熟制地区，推广马铃薯与大豆、玉米、高粱、小麦等隔年轮作种植；华北和中原二熟制地区，推广马铃薯与玉米、花生、芝麻、蔬菜等轮作种植；南方多熟制地区，水田推广马铃薯与早稻、晚稻或马铃薯与中稻水旱轮作种植；旱地推广马铃薯与棉花、花生、芝麻、大豆等轮作种植。

（二）套作模式

马铃薯生育期短，植株矮小，较耐低温，可与高秆禾谷类作物套种，能充分利用空间和光能，田间通风通光良好，边际效应大；马铃薯与高秆禾谷类作物的营养类型不同，前者吸收钾肥较多，后者吸收氮肥较多，从而可以使土壤中的各种养分得到充分利用；马铃薯后期有高秆作物遮阴，使小气候凉爽，有利于块茎的形成与膨大；而马铃薯收获后，茎叶可用于下茬作物的肥料。

1. 薯玉套作模式

在西南地区，推广马铃薯与玉米套作模式，有两行马铃薯套种两行玉米、两行马铃薯套种一行玉米等方式。套作方式是带状种植，170～200 cm 为一带，冬、春季起垄种植两行马铃薯，留 50% 预留空行，春、夏季种植两行玉米。马铃薯套种春播玉米，两者的共生期 40 d 左右为宜；马铃薯套种夏播玉米，两者的共生期 15～20 d。

2. 薯棉套作模式

马铃薯与棉花套作模式，是薯、棉双高产的良好模式。马铃薯冬季或早春起垄种植，棉花在春末播种或育苗移栽，两者共生育 30～40 d。

3. 薯蔗套作模式

广东、广西、福建等地的甘蔗产区，可在春马铃薯地上，采取马铃薯与甘蔗套种，每三行马铃薯套种两行甘蔗。

二、选用良种，种薯处理

因地制宜选用熟期适宜、优质高产、抗病性强的品种，是马铃薯获得高产高效的一项关键措施。依据自然气候条件、地形、土壤、病害、马铃薯用途等选用品种。

良种是高产的内因，没有优良的品种和优质的种薯，就不能达到优质高产的理想指标。要选用经过多年试验、适宜本地种植的品种，种薯符合质量标准，最好是脱毒种薯，并搞好种薯处理。

（一）选用良种要求

1. 选择通过登记的品种

育种专家选育一个马铃薯品种需要经过亲本材料杂交、无性世代选育、品种筛选试验、区域试验、生产试验、种性和生产适应性鉴定、抗逆性鉴定以及品质检测等，最后通过省级或国家品种管理部门登记，才能在生产上推广应用。未通过登记的品种，不允许发布广告，不得经营推广。

2. 选择适宜本地推广的品种

任何一种作物的品种，都有适宜的种植区域，不同的地区，自然气侯、种植模式、栽培技术等条件都不相同，要因地制宜，选用适宜本地推广种植的品种。如果是跨区种植，就有可能出现水土不服，抗病、抗逆性差，生长势弱，造成产量低，品质低劣，减产减收。

3.根据用途选择品种

马铃薯品种的类型比较多，内在的营养成分等差异比较大，要依据市场需求和产品用途选择品种。尤其是用于生产出口鲜薯产品或加工油炸薯条、薯片及淀粉产品的，要选择专用型的马铃薯品种。具体到每一个生态区域选择什么样的优良品种，要由农业农村部的种子管理和农技推广专业人员推荐确定。

4.选择符合标准的优质种薯

最好选择按种薯规范程序繁育生产，种薯品质达到 GB 18133—2012《马铃薯种薯》要求。这样的种薯纯度高，不含马铃薯病毒，生命力强，大田生产健壮，抗逆性强，产量高，品质优，商品性好。

（二）推广面积较大的品种

据全国农作物主要品种推广情况统计，2020 年推广马铃薯品种 117 个，其中推广面积较大的品种有费乌瑞它、青薯 9 号、克新 1 号、冀张薯 12 号、威芋 3 号、威芋 5 号、陇薯 3 号、合作 88、大西洋、陇薯 7 号、冀张薯 8 号、陇薯 10 号、早大白、中薯 5 号、晋薯 16 号、鄂马铃薯 5 号、丽薯 6 号、宜薯 2 号、鄂马铃薯 10 号、夏波蒂等。

（三）具有推广潜力的品种

通过区域试验，最新登记的高产、优质马铃薯新品种，将在不同马铃薯生产区域推广应用的品种，如春薯 11 号、中薯 19 号、华薯 10 号、陇薯 15 号、鄂马铃薯 16 号、华薯 9 号、中薯 26 号、云薯 109 等。

1. 春薯 11 号

登记编号：GPD 马铃薯（2022）220012，吉林省蔬菜花卉科学研究院。

（1）特征特性　鲜食兼加工淀粉类型品种，中晚熟，生育期 92 d。株型半直立，小叶边缘波状程度弱到中，茎绿色，茎翼微波形。花冠白色、近五边形，大中薯率 82.3%，薯块短卵圆形，薯皮浅黄色，薯肉白色，芽眼浅。干物质含量 23.46%，淀粉含量 17.2%，蛋白质含量 1.99%，维生素 C 含量 21.8 mg/100 g，还原糖含量 0.17 g /100 g，蒸食口感好、炒、炖品质佳。高感晚疫病，中抗病毒病。第 1 生长周期每公顷产量 46410 kg，比对照克新 13 号增产 15.50%；第 2 生长周期每公顷产量 46740 kg，比对照克新 13 号增产 16.76%。

(2)栽培技术要点 ①播期：吉林省中部平原地区适宜播种期为 4 月中旬，东部山区为 4 月下旬至 5 月上旬，使用优质脱毒种薯，播前进行催芽拌种。②选择土质疏松肥沃、透气性好的地块，避免选择低洼地块、易积水，播前整地深松、大垄宽(80～90 cm)，株距 20～25 cm，每公顷保苗 5.25 万～6.0 万株。③施足基肥，播种后喷洒苗前除草剂，出苗后加强前期管理，早施追肥；及时灌排水，防止因肥水过多而徒长；及时除草、中耕和培土，促使早发棵和早结薯。④收获前 5～7 d 开始杀秧，然后进行收获，预贮。

(3)适宜种植区域及季节 适宜在吉林、黑龙江和内蒙古东部春季种植。注意事项：本品种高感晚疫病，在现蕾期开始注意早疫病、晚疫病的防治，定期喷药进行预防。注意轮作倒茬，预防马铃薯土传病害。本品种花期较长，栽培时注意控上促下，增加产量。

2. 中薯 19 号

登记编号：GPD 马铃薯(2019)110015，中国农业科学院蔬菜花卉研究所。

(1)特征特性 鲜食马铃薯杂交品种。中晚熟，从出苗到收获 99 d 左右。株型直立，生长势强，茎色浅紫，叶色深绿色，花冠紫色，天然结实性中等，匍匐茎短，薯块短卵圆形，黄皮浅黄肉，芽眼浅。干物质 22.9%，淀粉 14.8%，蛋白质 2.25%，维生素 C 含量 20.7 mg/100 g，还原糖 0.29%。中抗晚疫病、病毒病。第 1 生长周期每公顷产量 35730 kg，比对照克新 1 号增产 15.6%；第 2 生长周期每公顷产量 38415 kg，比对照克新 1 号增产 40.1%。

(2)栽培技术要点 ①不能与茄科作物连作，3 年以上轮作。应在微酸性土壤，以 pH 5.5～6.5 为最适宜，但在 pH 5～8 的范围内也能良好生长。北方一作区 10 cm 地温稳定通过 5～7 ℃后播种，遇到持续低温，会对种薯的发芽和出苗整齐度造成不同程度的影响。土壤耕深宜在 30～35 cm 左右。②选用合格种薯，播前 15～30 d 催芽，催壮芽，芽长 1 cm 左右。使用药剂拌种，防治病虫害等。适墒播种，播种深度视当地土壤情况而定。③株行距根据当地的栽培耕作习惯，每公顷种植密度 5.25 万～6.75 万株。④合理施肥，以农家肥与化肥配合施用，化肥施用根据当地土壤肥力状况科学施用氮磷钾等，实施配方施肥。施足基肥，出苗后加强前期管理，早施少施追肥；及时灌排水，防止因肥水过多而徒长；及时除草、中耕和培土，促使早发棵和早结薯。⑤生长期注意防治晚疫病，前期注意防低温霜冻。收获前一个月停止施氮肥，收获前 15～20 d 停止灌水，以利收获贮存。

(3)适宜种植区域及季节　适宜在河北北部、陕西北部、山西北部和内蒙古中部华北一作区春季栽培。注意事项：①特殊气候条件下易造成某些病虫害的发生。不同区域注意防治晚疫病、黑痣病、疮痂病和地下害虫及当地危害马铃薯的病虫害。②生长过程中合理灌溉，生长后期注意控水控肥、防止沥涝，及时收获、收获时防止暴晒、日光灼害和风吹雨淋而影响品质。贮藏中温度控制在 2～4 ℃，并要求避光和合理的湿度。③不抗/耐除草剂，不得使用对马铃薯有危害的除草剂，并应特别注意其他作物上使用的除草剂的漂移和残留药害。

3. 华薯 10 号

登记编号：GPD 马铃薯(2020)420002，华中农业大学。

(1)特征特性　鲜食早熟品种。株型直立，生长势中等，茎绿色，叶深绿色，分枝多，匍匐茎短，薯形椭圆形，淡黄色皮，乳白色肉，表皮光滑，芽眼浅，生育期 64.5 d，株高 58.3 cm，单株平均主茎数 4.5 个，单株结薯 5.2 个，单株块茎重 547.16 g，单薯重 105.22 g；块茎大小较整齐，商品薯率 87.14%。干物质 21.98%，淀粉 16.21%，蛋白质 1.11%，维生素 C 含量 186.6 mg/g，还原糖 0.017%。中感晚疫病，中抗病毒病，中抗早疫病。第 1 生长周期每公顷产量 40538 kg，比对照中薯 5 号增产 6.30%；第 2 生长周期每公顷产量 38563 kg，比对照中薯 5 号增产 12.64%。

(2)栽培技术要点　①精选种薯。以小整薯或切块播种，切块时要保证每个切块带有两个以上的芽眼，切块时注意刀具的消毒。②适时播种。适宜低山、丘陵、平原地区种植，12 月份至次年 1 月份播种为宜。播种时宜采用地膜覆盖，及时破膜放苗。③播种密度。垄播，播种行距 60～70 cm、株距 20～25 cm 为宜。④施足基肥。以基肥为主，做到有机肥与无机肥相结合，每公顷施腐熟农家肥 2.25 万～3.0 万 kg，尿素 150 kg，硫酸钾 225 kg，过磷酸钙 750 kg 或马铃薯专用复合肥 600～750 kg。⑤田间管理。在不同生育期，即苗期和蕾期，根据苗情及植株长势，将锄草、追肥、培土等结合起来。苗期追肥用 225 kg/hm^2 尿素，蕾期追肥根据生长势，适当高培土，同时注意病虫害的防治。⑥适时收获。收获前一周停止灌水，以利于收获贮存。当茎叶 2/3 变黄，应及时收获，采收前若植株未自然枯死，可提前 7～10 d 割去植株。收获时一定要选晴天，挖出来的薯块应留在地面上晾干水气后再收回。收获后块茎避免暴晒、雨淋和长时间暴露在阳光下。剔除烂薯、病薯，在通风、阴凉、干燥的地方贮藏，注意防治虫害及鼠害。

(3)适宜种植区域及季节　适宜在湖北低山、丘陵、平原地区 12 月份至次年 1 月份种植。注意事项：中感晚疫病。生产和推广过程中应使用脱毒种薯，并注意防治晚疫病，搞好轮作，切忌连作。

4. 陇薯 15 号

登记编号：GPD 马铃薯(2020)620015，甘肃省农业科学院马铃薯研究所。

(1)特征特性　鲜食、淀粉。晚熟，生育期(出苗至成熟)123 d 左右。株型半直立，主茎分枝 3～4 个，株高 70～75 cm。茎粗 8～10 mm，茎绿色，茎翼微波状，茎横断面三棱形。叶绿色，表面有光泽，茸毛较少，叶缘平展；复叶小，侧小叶 3～4 对，着生较密，顶小叶较宽，呈宽形，基部为中间形，茎托叶为中间形。花序总梗绿色，花柄节褐色，花冠白色较大、为近五边形，柱头绿色 3 分裂、较长，子房断面无色，花药黄色呈锥形，天然结实性中等。薯块卵圆形，薯皮较粗，黄皮黄肉，芽眼较浅，薯形美观。结薯集中，单株结薯 4～6 个，大中薯率一般 75%以上。薯块休眠期长，耐贮藏。干物质含量 24.5%，淀粉含量 17.74%，蛋白质含量 2.01%，维生素 C 含量 18.5 mg/100 g，还原糖 0.49%。高抗晚疫病和卷叶病毒病，抗花叶病毒病。第 1 生长周期每公顷产量 34008 kg，比对照陇薯 6 号增产 33.9%；第 2 生长周期每公顷产量 30305 kg，对照陇薯 6 号增产 40.3%。

(2)栽培技术要点　①适期适密播种。高寒阴湿、二阴地区以 4 月中旬播种为宜，半干旱地区 4 月上、中旬为宜。均不宜迟播。播种密度因其株型高大繁茂可适当稀植，一般每公顷密度 5.25 万～6.0 万株，旱薄地 3.75 万～4.5 万株为宜。②早促快发、先促后控管理。要重施底肥而且氮磷配合，早施追肥，切忌氮肥过量。早锄草、早中耕培土，培土垄要高而陡。③推迟收获，割秧晒地。早霜过后，植株完全枯萎后收获；在收获前一周割掉薯秧，运出田间，以便晒地和促使薯皮老化。收获时薯块要轻拿轻放，尽量避免碰撞，减少病菌侵染，提高贮藏效果。④抓好保种留种措施。选用脱毒种薯，或建立种薯田，选优选健留种。

(3)适宜种植区域及季节　适宜在甘肃高寒阴湿、二阴地区及半干旱地区种植。注意事项:①苗期注意防治早疫病。②后期控制水肥,防止贪青晚熟。

5. 鄂马铃薯16号

登记编号:GPD马铃薯(2018)420144,湖北恩施中国南方马铃薯研究中心。

(1)特征特性　鲜食。属中晚熟品种,植株扩散,植株较高,生长势强;茎绿色带褐色,叶绿色,花冠白色,开花繁茂性中等,匍匐茎中等长;薯块扁圆形,黄皮黄肉,表皮光滑,芽眼较浅。生育期83 d左右,株高97 cm,单株主茎数5个左右,单株结薯数12个左右,平均单薯重约50 g,商品薯率约67%,食味上等。干物质24.64%,淀粉18.21%,蛋白质2.46%,维生素C含量106.0 mg/g,还原糖0.11%。中抗晚疫病,感花叶病毒病。第1生长周期每公顷产量25611 kg,比对照米拉增产5.7%;第2生长周期每公顷产量36750 kg,对照米拉增产29.5%。

(2)栽培技术要点　①选择地势平坦,光照效果好,且前茬不是马铃薯茬或茄科茬的地块,整地备用。②在湖北二高山及高山地区,11月份至次年3月份进行播种。③选用脱毒种薯、单作每公顷种植6.75万株左右,套作4.5万株左右;施足底肥,底肥以有机肥和复合肥为主。④幼苗出土后及时追施苗肥,适时追施蕾肥;及时中耕培土,遇雨及时排渍,对旺长植株进行化控;多雨高湿年份注意防治晚疫病。⑤适时收获,对收获的薯块经过泥土清理,除去病薯、机械损伤薯,入库贮藏。

(3)适宜种植区域及季节　适宜在湖北高山地区11月份至次年3月份之间种植。注意事项:①如果种植在土壤肥力差的地块,会出现单株结薯数较多,商品薯率较低的情况,注意施肥和种植密度。②还原糖含量极低,适合于油炸商品薯及品种选育的亲本。③在植株中后期特别要注意晚疫病预防。

6. 华薯9号

登记编号:GPD马铃薯(2020)420004,华中农业大学、广西壮族自治区农业科学院经济作物研究所、江西省农业科学院作物研究所、广东省农业科学院作物研究所。

(1)特征特性　鲜食早熟品种,从出苗到收获65～75 d。株型直立,生长势较强,花冠白色,复叶大小中等,叶绿色,茎绿色。块茎椭圆形,薯皮黄色,薯肉白色,芽眼浅,表皮略麻,大小整齐,结薯集中,商品薯率高,适合主食化。干物质 18.19%，淀粉 12.42%，蛋白质 0.33%，维生素 C 含量 219.9 mg/g，还原糖 0.09%。中感晚疫病，中抗病毒病，中抗早疫病。第 1 生长周期每公顷产量 57338 kg，对照中薯 5 号增产 49.07%；第 2 生长周期每公顷产量 52869 kg，对照中薯 5 号增产 89.33%。

(2)栽培技术要点　①精选种薯。以小整薯或切块播种，切块时要保证每个切块带有两个以上的芽眼，切块时注意刀具的消毒。②适时播种。适宜低山、丘陵、平原地区种植，湖北、江西 12 月份至次年 1 月份播种为宜，广西、广东 10 月份至 11 月份播种为宜。③播种密度。行距 60～70 cm、株距 20～25 cm，每公顷密度 6.75 万～7.5 万株为宜。④施足基肥。有机肥与无机肥相结合，每公顷施腐熟农家肥 2.25 万～3.0 万 kg，尿素 150 kg，硫酸钾 225 kg，过磷酸钙 300 kg 或马铃薯专用复合肥 600～750 kg。⑤田间管理。在不同生育期，即苗期和蕾期，根据苗情及植株长势，将锄草、追肥、培土等结合起来。苗期追肥用尿素 150 kg/hm^2，蕾期追肥根据生长势，适当高培土。及时中耕培土，遇雨及时排渍，多雨高湿年份注意防治晚疫病。注意轮作换茬，减少土传病害传染源。⑥适时收获。收获前一周停止灌水，以利于收获贮存。茎叶 2/3 变黄时及时收获。收获后块茎避免暴晒、雨淋和长时间暴露在阳光下。收获时一定要选晴天，挖出来的薯块应留在地面上晾干水气后再收回，剔除烂薯、病薯，于通风、阴凉、干燥的地方贮藏，注意防治虫害及鼠害。

(3)适宜种植区域及季节　适宜在湖北、江西、广东、广西低山、丘陵、平原地区冬作种植。注意事项：轻感普通花叶病毒病，中感晚疫病。生产和推广过程中使用脱毒种薯，并注意防治晚疫病，搞好轮作，切忌连作。

7. 中薯 26 号

登记编号：GPD 马铃薯(2020)110117，中国农业科学院蔬菜花卉研究所。

(1)特征特性　鲜食、炸片炸条马铃薯杂交品种。生育期 102 d 熟期晚熟。株型直立，小叶边缘波状程度无或极弱，茎色紫，茎翼形状波形。花冠颜色蓝紫色，花冠形状近五边形，大中薯率 85.5%，薯块形状卵圆形，薯皮颜色红色，薯肉颜色中等黄色，芽眼浅。光发芽形状球形，光发芽基部花青苷显色强，光发芽基部根尖数量中，光发芽基部茸毛数量少。干物质 23.4%，淀粉 15.4%，蛋白质 2.3%，维生素 C 含量 26.6 mg/100 g，还原糖 0.25%，蒸煮品质优。中抗晚疫病和病毒病。第 1 生长周期每公顷产量 45750 kg，比对照大西洋增产 56.2%；

第 2 生长周期每公顷产量 48195 kg，比对照大西洋增产 38.3%。

(2)栽培技术要点　①应在微酸性土壤，以 pH 5.5～6.5 最适宜。10 cm 地温稳定通过 5～7 ℃后播种。土壤耕深应在 30～35 cm。②选用合格种薯，播前 15～30 d 催芽，催壮芽。使用药剂拌种，防治病虫害等。适墒播种，播种深度视当地土壤情况而定。③株行距根据当地的栽培耕作习惯，每公顷种植密度 6.0 万～8.0 万株。④合理施肥，以农家肥与化肥配合施用。⑤收获前一个月停止施氮肥，收获前 15～20 d 停止灌水，以利收获贮存。

(3)适宜种植区域及季节　适宜在河北北部、山西北部、陕西北部、内蒙古中部中晚熟华北一作区春季种植。注意事项：①应实行 3 年以上轮作制，不能与茄科作物连作。②不同区域注意防治晚疫病、黑痣病、疮痂病和地下害虫及当地危害马铃薯的病虫害。

(四)种薯处理

1. 精选种薯

品种优良，还须精选种薯，夺取高产才有保证。宜选用具有本品种特征、无病虫害、无伤冻、块茎中等大小、薯块的表皮柔嫩、色泽光鲜、薯肉较紧实、刚过或将过休眠期的块茎。凡薯皮龟裂、畸形、有病斑、受冻、老化、种薯变形等不能用于种薯。

2. 种薯消毒

种薯表皮部常带有各种病原体，如疮痂病、粉痂病等，这些病菌一般不深入薯内，用药液浸种，有较好的防治效果。从外地调的种薯，应处理好种薯消毒。

3. 种薯催芽

种薯催芽可使马铃薯出苗早，出苗整齐，增加马铃薯田间的生长期，培育壮苗，提高产量。一般播种前 25 d 左右，将种薯从贮藏处取出催芽。根据品种特性采取不同的催芽方法，常用的方法有春化处理、湿沙催芽、晾晒催芽、赤霉素浸种等。

4. 种薯切块

马铃薯种薯切块播种，既能节约用种，又可以促进块茎早发芽出苗。马铃薯块茎芽眼分布呈螺旋式排列，顶部稠、脐部稀，块茎发芽有顶端优势，顶芽萌动发芽早，脐部芽眼萌动发芽慢。根据这些特点及块茎大小确定切块的方法。

一般 50 g 以下的小种薯采取整薯播种，只切去脐部，利于发芽；50 g 以上的按芽眼切块，切成大小 30 g 左右为宜。

（五）马铃薯茎尖脱毒

马铃薯在生长过程中，由于受到不同自然环境的影响感染上不同病毒，破坏了植株内的正常功能，经过茎尖脱毒技术处理后，把种薯体内的病毒清理出去，使它从病态恢复到健康水平，恢复原品种的特性。马铃薯茎尖脱毒的原理是在无菌的特别环境和设备下，切取很少的茎尖组织置于专用培养基上，经过培养使之长成幼苗。

1. 马铃薯茎尖脱毒的意义

马铃薯在生长过程中，由于受到不同自然环境的影响就会感染上不同的病毒，这样会破坏植株的正常功能，导致马铃薯不能正常生长，造成减产，成为退化株，还会给生产造成很大的损失。

马铃薯一般经过茎尖脱毒技术处理后，就可以把种薯体内的病毒清理出去，这样就能从病态恢复到健康，使原品种的特性恢复。而且它还能使马铃薯的生理功能达到旺盛状态，保证新陈代谢可以正常进行，大幅度提高了马铃薯的产量，增加种植户的收益，所以一定要将其进行脱毒。

马铃薯茎尖脱毒的原理是根据病毒在马铃薯植株组织中分布的不均匀性，也就是病毒的侵染速度稍慢于新生组织的生长速度，例如，靠近新生组织的部位，根尖和茎顶端的生长点、新生芽的生长锥等处。在无菌的特别环境和设备下，切取较少的茎尖组织放置在专用培养基上，经过培养使其长成幼苗。

2. 马铃薯茎尖脱毒的操作方法

（1）田间株选　①选择的植株一定要表现出典型的本品种特性，符合脱毒品种的要求，包括株型、叶形、花色等植物学性状及成熟期等农艺性状。②一般植株生长健壮，有明显病毒性，比如真菌性、细菌性病害的症状，单株产量和大薯率高的品种都可以进行脱毒。③收获后一定要再对薯块细选，选择范围包括皮色、肉色、薯形、芽眼等，一般无病斑、虫蛀和机械创伤的大薯可以用于脱毒材料。

（2）脱毒材料表面消毒　①先将马铃薯的芽在 75％的酒精中过一遍（几秒钟），然后用饱和漂白粉上清液或用次氯酸钠溶液稀释为 5％～7％，浸泡 15～

20 min。②然后用无菌水清洗 3～4 次，消毒完的材料一定要置于封口的无菌瓶中。

(3)拨取茎尖组织　①取经过处理的茎尖，以无菌镊子进行固定，在 30～40 倍解剖镜下进行分生组织剥离。②用解剖刀小心地除去茎尖周围的叶片组织，暴露出顶端圆滑的生长点，然后用解剖针细心切取所需的茎尖分生组织。③一般切取茎尖的长度为 0.1～0.3 mm，带有 1～2 个叶原基即可。④将剥离的茎尖置于马铃薯茎尖分生组织的培养基中进行培养即可。

三、选地整地，配方施肥

马铃薯生长发育喜微酸性、疏松的土壤，怕碱性和黏硬的土质；喜轮作，怕重茬连作；喜钾肥，怕过多氮肥；喜干爽，怕涝渍。根据马铃薯生长发育的特性，选择适宜的土壤，进行测土配方施肥。

（一）选地整地

1. 选择地块

(1)选择土质较好的地块　马铃薯是须根系作物，根系的生长与土壤种类、耕作条件有密切关系。块茎的膨大也需要深厚、疏松、透气性好的土壤耕作层，以沙壤土、壤土最佳，同时要有良好的排灌条件。

(2)选择不重茬的地块　种植马铃薯宜与禾谷类的玉米、高粱、水稻、谷子，豆类的大豆、绿豆、赤小豆，油料类的油菜、花生、芝麻，以及棉花等轮作换茬，避免重茬或与茄子、辣椒、番茄、烟草等茄科作物连作种植。

2. 深耕整地

(1)深耕　一般要深耕 20～25 cm，耕地过浅，土壤保墒性能差，马铃薯生长缓慢，块茎膨大受阻，影响产量和品质。前茬作物收获后，及时翻耕灭茬，利用冬季低温、降雪、冻凌风化土壤，冻死藏于土壤中的越冬害虫。在冬季降水少的干旱地区，冬耕后要及时耙地，以利保蓄土壤水分。中原地区冬季雨雪少，春季降雨少，土壤干旱的地块，可进行冬灌或春灌，以满足马铃薯播种后块茎发芽出苗所需的水分。

(2)起垄　播种前用拖拉机旋耕、开沟、起垄，起垄高度(沟底至垄顶)25～30 cm。北方干旱地区垄高适当低一些，南方多雨地区适当高一些。起垄增加了马铃薯根系和块茎生长的活土层，土壤疏松，有利于块茎的膨大生长，薯形一致性好，表皮光滑，商品性优良。

（二）配方施肥

马铃薯是高产的喜肥作物，植株与块茎的生长需要较多的养分。依据需肥特性，做到先测定土壤养分，再以地定产，以产定肥，配方施肥，增施有机肥，重施基肥。

1. 施肥数量

依据土壤养分含量与供肥能力，以及施用肥料种类与利用效率确定施肥数量。一般中等肥力地块，土壤的供肥能力可满足生产 7500～9000 kg/hm^2 马铃薯，再提高产量就要靠增施肥料，考虑到化肥的利用率为 35%左右，然后根据设计产量指标，确定施肥数量。如计划每公顷生产 45000 kg 马铃薯块茎，需施农家肥 45～60 t，氮、磷、钾含量 15-15-15 三元复合肥 450～600 kg/hm^2，硫酸钾 150 kg，尿素 75 kg。

2. 施肥方法

农家肥在耕地时施用，复合肥和钾肥及微量元素肥料，在旋耕整地起垄时施用，最好在垄中间开 15 cm 深的沟施。尿素作追肥，在出苗时穴施。

四、适期播种，合理密植

马铃薯的适宜播种期、种植密度，要根据种植季节，品种特性，温度条件，播种方式等而定。

（一）适期播种

适期播种，对植株的生长发育，培育壮苗，产量形成，安全成熟收获等，均有重要影响。

1. 根据温度条件确定播种期

马铃薯块茎经过冬季贮藏，休眠期已过，当温度达 5 ℃以上时，块茎就可以萌动发芽。一般春播种植，当土壤 10 cm 处地温达 5 ℃时即可播种。因地制宜适期早播，有利于早出苗，早结薯，避免后期高温影响。晚播出苗晚，生育期推迟，在南方地区，马铃薯块茎膨大时已处于高温多雨季节，昼夜温差小，易引起地上部茎叶徒长，影响块茎养分积累，不仅块茎产量低，品质差，而且易感病烂薯，不耐贮藏。在北方地区，迟播生育后期，块茎膨大时低温霜冻来临，茎叶受冻枯死，块茎停止膨大，薯块小，产量低。

夏播、秋播宜在前茬作物收获后，及时抢季节播种，越早越好。

2. 根据品种特性确定播种期

早熟品种，宜适当提早播种。通常早熟品种抗逆性较弱，早播可以充分利用早春墒情，出苗齐，幼苗壮，结薯早，可以躲过晚疫病为害，提早上市，经济效益好。中、晚熟品种抗逆性强，可适当晚播，使结薯期相应后移到适于块茎膨大的低温短日照条件下，促使块茎迅速膨大，避免后期形成过多的小块茎，以利提高产量、品质和经济价值。

3. 各地具体的适宜播种期

(1)西南地区　春马铃薯有两个播种时期：①冬季播种，在 12 月份至翌年 2 月份。②春季播种，在 3 月中旬至 4 月上旬，低山平坝区宜早，高山地区宜迟。

(2)长江中下游的平原丘陵地区　在 1 月下旬至 2 月上旬播种，有“播完马铃薯过春节”的习惯。

(3)黄淮海地区　在 2 月下旬至 3 月中旬，设施栽培可提早。

(4)东北和西北地区　适宜播种期在 4 月中旬前后，少数地方推迟到 5 月份。

(二)合理密植

马铃薯的种植密度，要依据品种类型、土壤肥力、种植方式和管理水平等条件而确定。合理密植是协调个体与群体生长，夺取高产的关键因素。

1. 依据品种类型定密度

品种的生态类型不同，种植密度不一样，一般早熟品种植株矮小，根系和块茎生长范围小，单株产量低，可适当密植，每公顷密度 7.5 万株为宜；中、晚熟品种，植株比较高、繁茂，单株生产潜力比较大，每公顷适宜的种植密度为 5.3 万～6.0 万株。

2. 依据土壤肥力定密度

充足的土壤营养是马铃薯植株健壮生长的基础，按比例增施肥料是创高产栽培的重要一环。利用好群体的高产优势，达到有利于创高产的叶面积指数，一般以 6.0 万～6.5 万株/hm^2 为宜，掌握肥地宜稀、瘦地宜密的原则。

3. 依据种植方式定密度

马铃薯的种植方式比较多，有单作与套作、起垄播种与平厢（畦）播种、有机械条播与人工挖窝点播等。掌握单作、平厢、机条播宜密；套作、起垄种植、人工点播宜稀。

（三）提高播种质量

马铃薯为中耕作物，因块茎在地表下膨大形成，适宜于垄作栽培。一般播种方法是按 100 cm 宽开沟起垄，在垄中间开 10～15 cm 深的沟，将肥料施于沟底，沟两边各条摆播 1 行马铃薯，行距 30～35 cm，穴距依据密度而定，一般为 30 cm 左右。将马铃薯芽眼朝上，覆土厚度 10 cm 左右，垄顶整理成龟背状。用磙将垄面压一遍，覆盖地膜，春播增加地温覆盖白色透明膜，夏、秋播保墒、防杂草覆盖黑色膜。

五、加强田管，培育壮苗

“种是基础，管是关键”。田间管理目的在于运用综合的农业技术，促进早发壮苗，调节植株内部营养物质合理分配，为植株生长与块茎发育协调创造良好的生育条件。马铃薯从播种到成熟收获，要注重抓好前期、中期、后期的各项田间管理，促使植株健壮生长。

（一）前期管理

马铃薯从发芽至发棵期一般需要 60 d 左右，管理措施上以促进生根、发芽、培育壮苗为重点。

1. 中耕除草

杂草严重的地块，播种后出苗前进行化学除草，根据杂草种类，选用安全高效除草剂，适时适量喷药；出苗后进行中耕除草，尤其是南方雨水比较多的地方，雨后易造成土壤板结，含水量增大，透气性差，影响块茎的呼吸和膨大，并感染病毒造成种薯腐烂。应做好浅中耕松土，消除杂草。

2. 追施肥料

马铃薯是喜肥作物，在施足底肥的基础上，要因苗追施促芽肥。一般在出苗时追施尿素 150 kg/ hm^2、硫酸钾 75 kg/ hm^2，不能使用含氯的化肥，如氯化钾、氯化铵等，因氯离子影响淀粉合成，会使马铃薯品质下降。

3. 培土保薯

马铃薯生长过程中，由于降雨冲刷等原因，常会造成覆土层减少，如果结薯层上部土壤少于 3～5 cm，极易造成匍匐茎结薯部分窜出地表，形成新的地上分枝；已经形成的块茎，膨大后露出地面变绿，俗称“露头青”，块茎内龙葵素（也称土豆素或茄碱）增加，有毒害，品质降低，失去食用价值。据研究，每 100 g 鲜薯中含有 25 mg 龙葵素，人食用后会出现恶心、头晕、孕妇流产等中毒症状，甚至牲畜吃了也会中毒。为满足块茎膨大的需要，一般在马铃薯生长前期需要培土 1～2 次，现蕾期匍匐茎尖端开始膨大时，进行第一次培土，厚度 5 cm 左右，防止匍匐茎窜出地面变成新的枝条。沙壤土地块，在开花初期进行第二次培土，再加 3～5 cm 土层，防止块茎露出地面。

（二）中期促控结合

马铃薯生长中期，是由植株营养生长逐渐转向块茎膨大的过渡阶段，此期从茎叶生长达到顶峰开始，到茎叶逐渐枯黄，历经 30～45 d。栽培上着重搞好因苗调控、抗旱浇水、排涝防渍、防治病虫等管理。

1. 因苗调控

对茎叶生长势比较弱、生长量不足、叶色淡绿的地块，追施尿素 75 kg/ hm^2。对植株生长旺盛、叶色浓绿的地块，预防植株倒伏，可喷施多效唑，控制茎叶生长，或喷施芸苔素内酯，促进光合产物及时向块茎转运，提高产量、商品薯率及产品质量。一般在现蕾至初花期喷施。

2. 抗旱排渍

马铃薯结薯期叶片的蒸腾量及土壤的蒸发量加大，干旱将严重影响块茎膨大，渍水又易造成烂根死苗或引起块茎腐烂。要根据天气预报，做好抗旱浇水和清理沟渠排渍。

3. 防治病虫

重点防治马铃薯晚疫病、早疫病，蚜虫、粉虱、块茎蛾和二十八星瓢虫等。

（三）后期管理

后期是马铃薯块茎淀粉积累期，也称为成熟期。地上部茎叶的养分输送到地下块茎，直到茎叶枯黄，这段时间约 20 d。栽培管理重点是搞好根外喷肥防止早衰。

为促使马铃薯茎叶由绿色转为正常生理落黄，后期根据植株茎叶颜色变化，宜喷施 0.3%的磷酸二氢钾溶液，对植株茎叶转色早的，宜加 0.5%的尿素液。

六、适期收获，安全贮藏

(一)适期收获

马铃薯当植株生长停止、茎叶逐渐枯黄时，地上部的有机物加速向块茎转运，从而块茎的干物质迅速增加，淀粉比例提高而糖分比例相对降低。这时，块茎很容易与匍匐茎分离，周皮变硬，比重增大，淀粉、蛋白质及灰分的含量达最高限度，水分含量下降，是食用块茎最适宜收获期。收获过早，块茎未成熟，干物质积累不够，产量不高；收获过迟，易受高温(春薯)或霜冻(秋薯)为害，降低种性，不耐贮藏，品质变劣。收获适期宜依据以下几点而定。

1. 依据栽培目的而定

供食用的块茎，依块茎成熟特征而定；作商品销售的，成熟度依据各地市场习惯而定，一般商品薯的大小在 70 g 左右，早熟品种形成商品薯所需天数从出苗算起为 50～60 d，早中熟品种为 60～80 d，中晚熟品种为 100～120 d，晚熟品种为 120～140 d；种用的应提早 5～7 d 收获，以免高温影响芽眼的老化及晚疫病的蔓延。

2. 依据气候条件而定

春薯生育后期正值高温季节，易使种性退化，品质变劣，宜在平均温度 25 ℃ 以上的日期来临前收获。秋薯宜在当地霜冻来临前收获。

3. 依据生育期长短而定

早、中熟品种，一般春薯栽培，块茎的成熟与植株枯黄较一致，而晚熟品种或秋季种植，往往植株在低温下不枯黄，而块茎却已与匍匐茎分离。因此，应根据常年生育期的长短来定收获时间。

(二)收获方法

收获马铃薯宜选择晴朗天气进行。收获期间若逢雨后初晴，应在收获前 1～2 d 刈割茎叶，作为饲料或堆肥，消除田间残留的茎叶，以免病菌传播。喷洒过药剂的茎叶，不能作饲料。收获期间若逢高温烈日，则宜在早上或傍晚收获。

机械收获效率高，但一般比人工收获的损伤重，要注意调整好收获机械，减少损伤。

（三）安全贮藏

收获的块茎要避免在烈日下曝晒，以免引起芽眼老化和形成龙葵碱，降低种用和食用品质。收获的块茎立即搬运至阴凉通风处，晾干表皮水汽，使皮层硬化。晾干后应将破伤薯、病薯等捡拾单放。

马铃薯贮藏方法很多，有棚窖、井窖、室内架藏和堆藏等。块茎贮藏的管理重点：一是温度；二是湿度。最适宜温度为 1～3 ℃，相对湿度 90%左右。在此条件下贮藏，块茎呼吸微弱，皮孔关闭，病害不发展，块茎不萌发，重量损失少。

复习思考题

1. 马铃薯发源地在哪里？向世界各国传播的途径是怎样的？
2. 国内外马铃薯生产与消费情况如何？
3. 简述马铃薯生长发育时期及对环境条件的要求。
4. 马铃薯不同生态区域的主要种植模式有哪些？
5. 简述马铃薯脱毒与种薯繁殖技术。
6. 如何选用马铃薯的优良品种？

参 考 文 献

[1] 国家统计局农村社会调查司.中国农村统计年鉴—2021.北京:中国统计出版社,2021.

[2] 中华人民共和国农业部.中国农业统计资料—1990.北京:中国农业出版社,1991.

[3] 中华人民共和国农业部.中国农业统计资料—2000.北京:中国农业出版社,2001.

[4] 中华人民共和国农业部.中国农业统计资料—2016.北京:中国农业出版社,2017.

[5] 范慕韩.世界经济统计摘要.北京:人民出版社,1985.

[6] 农业部种植业管理司.主要农作物起源与发展.北京:中国农业出版社,2003.

[7] 中华农业科教基金会.农业物种及文化传承.北京:中国农业出版社,2016.

[8] 杨常伟.农业史话.上海:上海科学技术文献出版社,2019.

[9] 2020 年全国农作物主要品种推广情况统计.全国农业技术推广服务中心.2021.

[10] 金善宝.中国小麦学.北京:中国农业出版社,1996.

[11] 吴琼峰,周晓舟.作物生产技术(南方本).北京:化学工业出版社,2011.

[12] 黄善香.中国种植养殖技术百科全书.海口:南方出版社,1999.

[13] 南京农学院.作物栽培学(南方本).上海:上海科学技术出版社,1979.

[14] 杨宝林,史培华.作物生产技术.北京:中国农业出版社,2019.

[15] 冀彩萍.粮油作物生产新技术.北京:中国农业出版社,2017.

[16] 于振文.小麦产量与品质生理及栽培技术.北京:中国农业出版社,2006.

[17] 寿永前,陈彦伟.小麦玉米抗逆高产栽培技术.北京:中国农业科学技术出版社,2015.

[18] 卢绍东,沈桂富,乔建礼.小麦-玉米一年两熟亩产吨半粮实践与经验.北京:中国农业出版社,2018.

[19] 国家小麦产业技术体系.国家现代农业产业可持续发展战略研究—小麦分册.北京:中国农业出版社,2016.

[20] 郭江峰.小麦高产高效栽培实用技术.北京:中国农业科学技术出版社,2015.

[21] 赵广才.小麦生产配套技术手册.北京:中国农业出版社,2012.

[22] 赵广才.小麦高产创建.北京:中国农业出版社,2014.

[23] 杨英菇,车艳芳.现代小麦种植与病虫害防治技术.石家庄:河北科学技术出版社,2013.

[24] 刘建军,陈康,陈建友.小麦绿色高产栽培理论技术体系与实践.北京:中国农业出版社,2019.

[25] 李华伟,王法宏.山东小麦轻简化栽培理论与实践.北京:中国农业科学技术出版社,2018.

[26] 李向阳,王绍中.小麦丰优高效栽培技术与机理.北京:中国农业出版社,2017.

[27] 李国阳,陈景梅,王顺领.小麦高产优质生产应用技术.北京:中国农业科学技术出版社,2015.

[28] 石岩.旱地小麦高产栽培生理.北京:中国农业出版社,2015.

[29] 尹钧,韩燕来,孙炳剑.图说小麦生长异常及诊断.北京:中国农业出版社,2019.

[30] 李长松,李明立.中国小麦病害及其防治.上海:上海科学技术出版社,2013.

[31] 马鸿翔,周明国,陈怀谷,等.小麦赤霉病.南京:江苏凤凰科学技术出版社,2019.

[32] 庞少浦,曹杰.黄淮地区小麦玉米夏大豆高产栽培技术集萃.北京:中国农业科学技术出版社,2017.

[33] 郭庆法,王庆成,汪黎明.中国玉米栽培学.上海:上海科学技术出版社,2004.

[34] 杨国航,孙世贤.中国玉米品种科技论坛.北京:中国农业科学技术出版

社,2007.
[35] 赵久然,王积军.全国玉米高产创建配套技术规程.北京:中国农业出版社,2008.
[36] 石德权.玉米高产新技术.北京:金盾出版社,2007.
[37] 张世煌.玉米良种引种指导.北京:金盾出版社,2007.
[38] 曹敏建.玉米标准化生产技术.北京:金盾出版社,2007.
[39] 高广金.玉米栽培实用新技术.武汉:湖北科学技术出版社,2010.
[40] 魏湜,曲文祥.秸秆饲料玉米.北京:中国农业科学技术出版社,2009.
[41] 农业部农民科技教育培训中心,中央农业广播电视学校.现代大豆产业技术.北京:中国农业出版社,2010.
[42] 农业部种植业管理司,全国农业技术推广服务中心.优质专用大豆品种及高产栽培技术.北京:中国农业出版社,2003.
[43] 王连铮,郭庆元.现代中国大豆.北京:金盾出版社,2007.
[44] 谢甫绨.大豆标准化生产技术.北京:金盾出版社,2007.
[45] 中华人民共和国农业部.大豆技术 100 问.北京:中国农业出版社,2007.
[46] 陈立志.大豆关键技术百问百答.北京:中国农业出版社,2005.
[47] 农业部农民科技教育培训中心,中央农业广播电视学校.高油大豆高产栽培技术.北京:中国农业出版社,2006.
[48] 戴思远,王树义.大豆生产技术及病虫害防治图谱.北京:中国农业科学技术出版社,2020.
[49] 李海朝.大豆高产与防灾减灾技术.郑州:中原农民出版社,2016.
[50] 李喜宏,王冬洁,李平,等.大豆及豆类保鲜与加工技术.北京:中国农业出版社,2009.
[51] 原向阳.转基因抗草甘膦大豆的抗性研究.北京:中国农业出版社,2015.
[52] 王迪轩.大豆优质高产问答.北京:化学工业出版社,2013.
[53] 张秋英,李彦生,杜明,等.菜用大豆栽培生理.北京:科学出版社,2016.
[54] 高凤菊.食用豆优良品种及高产栽培技术.北京:中国农业科学技术出版社,2016.
[55] 程须珍,包世英.中国食用豆类生产技术丛书.蚕豆生产技术.北京:北京教育出版社,2016.

[56] 程须珍,宗绪晓. 中国食用豆类生产技术丛书. 豌豆生产技术. 北京:北京教育出版社,2016.

[57] 程须珍. 饭豆、小扁豆等生产技术. 北京:北京教育出版社,2017.

[58] 胡永军. 芸豆、豇豆大棚技术问答. 北京:化学工业出版社,2010.

[59] 黑龙江省农业科学院马铃薯研究所. 中国马铃薯栽培学. 北京:中国农业出版社,1994.

[60] 徐洪海. 马铃薯繁育栽培与贮藏技术. 北京:化学工业出版社,2011.

[61] 邹奎,金黎平. 马铃薯安全生产技术指南. 北京:中国农业大学出版社,2014.

[62] 屈冬玉,陈伊里. 马铃薯产业与小康社会建设. 哈尔滨:哈尔滨大学出版社,2014.

[63] 何树海,王振鹏. 现代马铃薯产业技术. 北京:中国农业大学出版社,2014.

[64] 唐子永,郭艳梅. 马铃薯高产栽培技术. 北京:中国农业科学技术出版社,2014.

[65] 湖北恩施南方马铃薯研究中心. 西南山区马铃薯栽培技术. 北京:中国农业出版社,2005.

[66] 内蒙古大学. 马铃薯主要病虫害简明识别手册. 北京:中国农业出版社,2013.

[67] 王培伦,马伟清,刘芳,等. 出口马铃薯安全生产技术. 济南:山东科学技术出版社,2007.

[68] 高广金,李求文. 马铃薯主粮化产业开发技术. 武汉:湖北科学技术出版社,2016.

[69] 全国农业技术推广服务中心. 化肥减量增效技术模式. 北京:中国农业出版社,2017.